U0142290

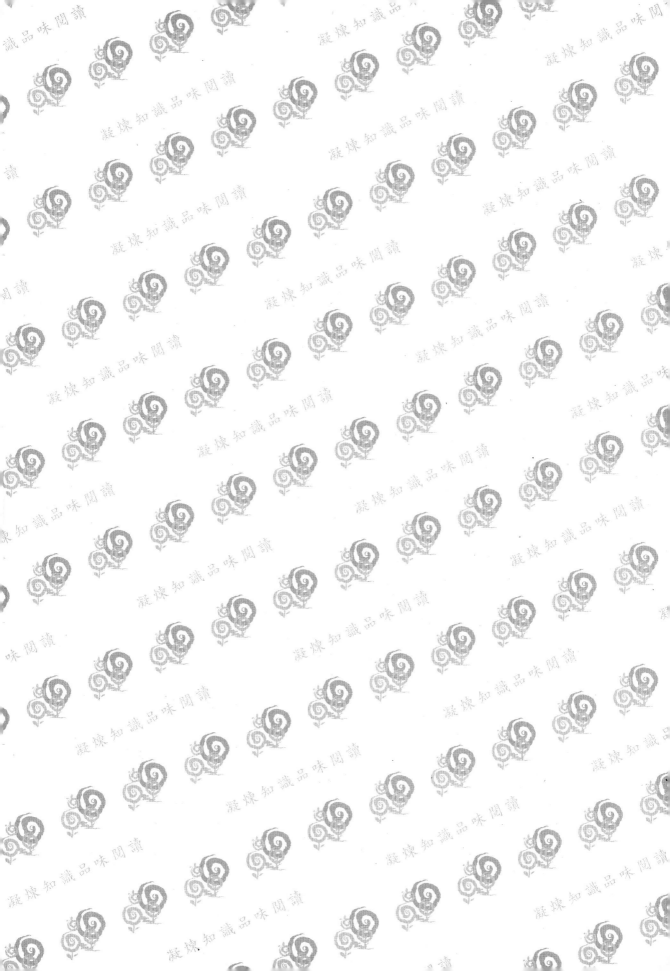

逆向工程技術及實作

Reverse Engineering Technology and Practice

王松浩
莊昌霖
熊效儀 著

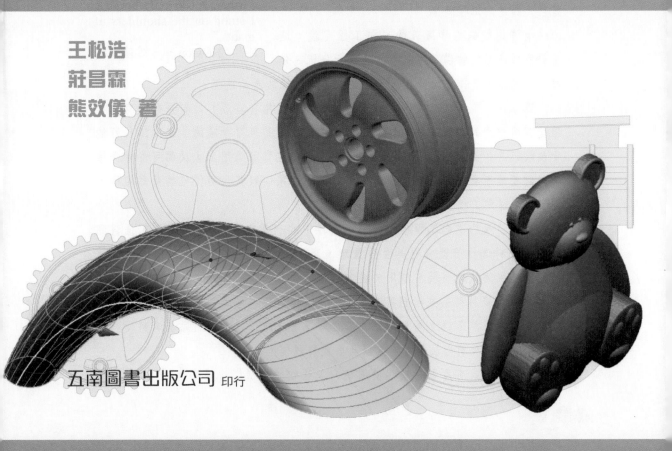

五南圖書出版公司 印行

前言 Preface

在工程和產品設計意義上講，如果把傳統的從「構思 — 設計 — 產品」這個過程稱為「正向工程」，那麼從「產品 — 數位模型 — 電腦輔助製造或快速原型件」這個過程就是「逆向工程」。因之也有稱之為「還原工程」或「反向工程」。

但是實際上，逆向工程源於商業及軍事領域中的軟硬體分析。其主要目的是，在無法輕易獲得必要的生產資訊下，直接從成品的分析，推導產品的設計原理。

逆向工程非常廣義，在科技領域中幾乎無所不在。比如軟體的逆向工程（Decoding）、積體電路和智慧卡的逆向工程，逆向工程在軍事上的應用都有非常驚人的例子。還有，基因工程不就是巨大的逆向工程嗎？

也許比較嚴格和廣義的逆向工程定義：透過對某種產品的結構、功能、運作進行分析、分解、研究後，製作出功能相近，但又不完全一樣的產品過程。

如果說我看得比別人更遠些，那是因為我站在巨人的肩膀上。
——艾薩克 · 牛頓
"If I have been able to see further, it was only because I stood on the shoulders of giants."
-- Newton——維基百科

雖然逆向工程的日益發展和所謂「山寨、侵權、盜版」的質疑同時存在，但是這項技術對於科學技術的進步和普及的貢獻是無可爭議的。逆向工程可能會被誤認為是對智慧財產權的嚴重侵害，但是在實際應用上，反而可能會保護智慧財產權所有者。例如在積體電路領域，如果懷疑某公司侵犯智慧財產權，則可以用逆向工程技術來尋找證據。

本書涉及的逆向工程僅僅是浩瀚海洋中的一個部分：對 3D 模型掃描得到的點雲資料進行前置處理與曲面重建，來達到還原幾何形狀的逆向工程。隨著電腦技術的飛速發展，應用於逆向掃描的硬體設備日新月異，但是要將掃描得到的點雲資料轉換成一般 CAD 軟體可以進行編輯並進行再設計的 3D 電腦模型，至少目前來說還得靠熟練的工程師運用逆向工程軟體對點雲資料進行修補，並利用三角網格及曲線轉換成曲面或實體模型。

和初學者或有意願者談起使用逆向工程軟體對掃描的檔案進行 3D 模型編

輯及曲面重建時，往往會察覺到不同程度的望而生畏感。而筆者具有近十八年逆向工程教學和運用經驗，因此在教學中提綱挈領、因材施教，僅利用一個學期的 18 週 54 學時（包括考試）就能夠使學生基本上融會貫通、運用自如，取得了很好的效果。故當五南出版社王主編來邀稿時便能夠欣然接受，因為這樣可以和大家分享這項非常實用的技術以及自己多年的心得，為提高臺灣的產業水準貢獻微薄之力。

根據多年教學經驗，本書在編寫中會盡量圖文並茂為主，省略不十分必要的長篇敘述文字。並將各項指令的具體介紹融入實作範例之中，以達到事倍功半的效果。本書在實際軟體操作部分盡量詳細，試圖使讀者體驗到「無師自通」的感受。此外在主要操作步驟的敘述部分還加入了英語翻譯，亦可供外籍讀者參考。

特別感謝達康科技股份有限公司允許本書運用 Autodesk PowerShape 作為主要軟體工具進行介紹和講解，並提供學習版軟體給讀者進行練習。

編者

崑山科技大學，臺南

2019 年 5 月

目 錄

6 範例四：把手模型（Handle）

7　範例五：水龍頭模型（Shower head）

8 範例六：汽車輪轂（Wheel）

11 範例九：掃描資料定位（Alignment）

12 範例十：從 2D 照片建立 3D 模型（From 2D pictures to 3D model）

緒　論（Introduction）

1.1　逆向工程簡述

　　逆向工程乍聽之下是一種高深且專業的流程，但其本質並不複雜，有沒有遇過一種情況是：想買一個新的櫃子但不知道目前的空間塞不塞得下，所以拿了一把捲尺量出空間的寬度以及高度，進而比對櫃子的大小來評估該櫃子適不適合目前的空間？在這種情形下就是在做一種逆向的動作了。

　　逆向工程（又稱反向工程、還原工程）為一種技術過程，其目的為針對一現有產品或專案分析及研究，從而推導演繹出該產品之設計、處理流程、結構、功能規格等設計階段之要素，並利用得到的數據延伸出其他的設計，主要應用在無法獲得必要生產資訊的情形下，直接分析末端成品，求出其設計階段之數據。逆向工程並不止應用在工業設計環境，在軟體開發環境也常利用逆向工程的技術來分析商品及服務的可靠度，在某些情形下逆向工程往往會被認為是一種智慧財產權的侵害舉動。實際上不管是在商業、教育、軍事、工業、軟體工業等環境下，逆向工程均是研發過程中非常重要的一個技術指標。

　　不論在哪個環境，一般正常的設計多經由構思、設計、原型、成品、包裝的流程讓想法逐步的發展為一個成品，而逆向工程則是從一個成品反過來推導出其設計階段的細節，常見於工業設計需利用現有機構延伸其他應用時，透過逆向工程技術還原出其尺寸、設計階段之相關參數進而設計出相對應的部件。

圖 1-1　一個標準的逆向工程流程範例（圖片來源：維基百科）

逆向工程在業界中的使用日漸廣泛，工業逆向工程提供了一個新的產品設計流程，快速原型則可縮短產品設計時間與降低成本。目前逆向工程與快速原型的整合是藉由 CAD 系統，將掃描點資料重建出曲面模型或是實體模型，以 CAD/CAM 的應用來說，物體是以幾何為定義，要先有尺寸才能建構出立體的產品，從早期仿削、矽膠膜與石膏模之逆向製造，一直到現在結合三次元量測系統與專業處理軟體之逆向工程，在功能、速度及精密度上已不可同日而語了。現今逆向工程可以算是一種流程概念，除了傳統機械工業設計外也應用在軟體工業、積體電路設計，甚至利用高速紅外線攝影機以及雷射技術擷取建築模型或人體模型，將人體動作資料應用於電影工業，使用高解析度相機進行古蹟修復及分析、利用電磁或光學感應來幫助醫學領域，逆向工程已不再單純為仿製技術的代名詞，而是可以延伸為以數位方式保存這個世界上物體的一種技術。以下舉出幾種用途為例：

1. 特殊造型的設計

某些自由曲面的設計很難利用 CAD/CAM 軟體繪製出來，此時可以反過來利用油土模型或其他方式建立出外觀成品，再利用逆向的方式將資料數位化來滿足設計師的需求。

2. 取得資料

大多數廠商不會將原始的資料提供給中下游廠商，而只提供了標準成品樣品，若其他廠商想針對此商品開發相關的延伸性商品或服務，便可以利用逆向工程將資料還原出來，軟體工程也常常會使用逆向工程來分析資料以保護自身的智慧財產權。

3. 檢測

逆向工程可以針對工件及成品做全面性的品質檢測，或在虛擬環境下模擬各種可能性，減少測試流程的成本。

4. 生物資料

人體以及生物構造本來即無一數位化資料以及檔案，加上每個生物個體皆不可能完全一樣，若需針對生物個體進行客製化的應用開發如醫療用輔具、動作分析等參數，則需使用逆向工程取得該個體之數位化資料，再利用數位軟體進行開發及製作。

1.2　逆向工程的原理及種類

目前大多數逆向工程應用的方法可大致上分為接觸式量測、非接觸式量測及斷層掃描式三類。

1.2.1　接觸式量測

接觸式量測常常被稱為 CMM（Coordinate Measuring Machine）三次元量測，是工業環境下用來檢測精密工件非常常見的機台，主要運作原理是利用探針接觸工件取得該接觸點座標資訊後再利用軟體回推出工件之幾何參數。使用時多半依賴使用者手動或 CNC 之類搭配可多方向感測的球狀探針頭,當探針接觸到被掃描物達到特定壓力即觸發,此時電腦會將測頭之 XYZ 座標產生點資料,進而連續運算為點雲資料。

　　CMM 的優點為量測精度高,量測定位較簡單,在一些凹面等特殊形狀也能解決測定問題。缺點為需針對測頭半徑作偏移量校正,由於是接觸式量測,所以被掃描物不能變形;而且由於接觸頭有一定的直徑,在尖角處的量測易出現死角。

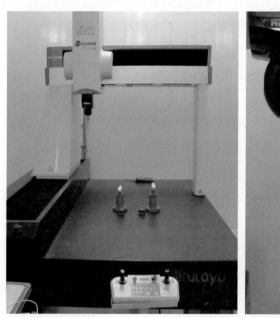

圖 1-2　三次元測量機台,利用探針接觸工件取得座標參數(圖片來源:維基百科)

1.2.2　非接觸式量測

　　利用光學、聲波、電磁感應技術來取得數位資訊,此數位資訊可以是空間座標、移動數據或是色彩資訊等,隨著時代的變化以及成本的考量,最近非接觸式量測技術發展愈來愈快速,除了多元化應用層面較接觸式來的更為廣泛,在精度上也大幅提升。光學式的測量方式依原理會有所不同,雷射量測原理為利用雷射照射被掃描物件,接受器接受反射之光線取得座標位置,光柵式的為利用投影出不同的圖案,然後以相機擷取電腦分析圖案的扭曲或是不同圖案座標點的偏移值,來求出該照射面的曲面點雲資訊。

圖 1-3　利用光學原理的動作擷取系統，用多台紅外線高速攝影機擷取表演者身上的反光點進而反求出肢體部位的各個座標資訊，由於使用攝影機捕捉連續座標，所以可應用在動畫及電影相關產業（圖片來源：By T-tus at the English language Wikipedia）

圖 1-4　利用智慧型行動裝置上的攝影機繞著掃描物體並透過雲端運算而產出 3D 模型的方式

逆向工程技術及實作

　　目前主流技術架構下，無論是接觸式還是非接觸式掃描出來的檔案皆為所謂的點雲資料，即是將所有掃描到的三維座標點位置記錄下來加以儲存，而如何將點雲資料處理成曲面或是多邊形 3D 模式即是各家不同逆向工程軟體的特殊技術，也是目前工業逆向工程發展研究的一大重點。

圖 1-5　以雷射掃描的環境點雲資訊（圖片來源：flickr，@gletham GIS）

圖 1-6　利用雷射以及光柵投影出柵格後接收回傳的資料加以計算出物件細節的攜帶型光學式 3D
　　　　逆向裝置（圖片來源：維基百科）

　　光學非接觸式的掃描較接觸式的快，但易受到被掃描物本身物件色彩及材質的影響，或是由於周遭光影變化也會造成精度上的誤差。

　　一般狀況下，以雷射或影像的工業非接觸式逆向的速度會比較快，但若是被掃描物有特殊材質以及孔洞、凹陷造成陰影，都會影響掃描結果。

1.2.3　斷層掃描式

　　對於內部結構的逆向工程方法，有破壞性的和非破壞性的。破壞性的就是將實體切層，對每一層照相，然後將每層的照片以層距疊加形成 3D 立體模型。而目前非破壞性的掃描方法主要包括：

　　1. MRI 核磁共振。利用強大的磁場來引起原子核釋放電磁波，然後把不同的電磁波組合成影像。

　　2. CAT Scan 電腦斷層掃描。這個技術簡單地說就是立體的 X 光，如圖 1-7。

　　3. PET 正電子發射斷層掃描。它是近幾年才發展出來的技術，能很精確地診斷癌細胞的進展（良性、惡性、擴散與否等等）或消退（化療、電療是否奏效等等）。

　　4. Microscopy 顯微成像。即微小尺寸的掃描影像。

　　掃描得到的檔案無論什麼格式，原則上都是切層的照片，如圖 1-8 左。僅從排列著的 2D 切層照片，醫師需要依靠想像去了解病人體內器官的 3D 實體。由於電腦技術的進步，現在已經可以方便地將切層的照片堆積起來，還原 3D 的虛擬模型，方便地放大／縮小／旋轉／再切層，供醫師非常直覺地觀察和研究，極大地提高了分析和診斷的能力。

　　此外電腦軟體還可以輸出立體模型檔案，進行快速原型製作甚至編輯及修改，在醫學和其他許多方面有著無窮的應用。

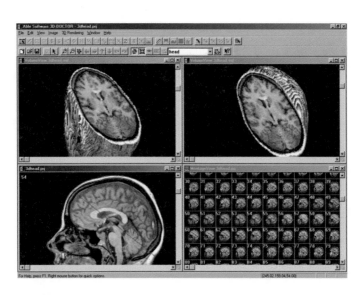

圖 1-7　電腦斷層掃描照片（圖片來源：http://www.ablesw.com/3d-doctor/images.html）

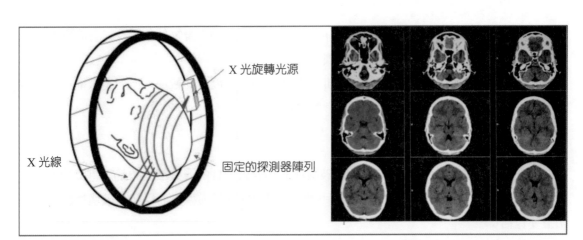

圖 1-8　切層照片

1.3　逆向工程的發展

　　逆向工程顧名思義，就是反其道而行，先有了產品或樣品，以量測系統測出數據點資料，進入專業處理軟體或 CAD/CAM 作後處理，再進入快速成型系統或進入數控工具機作生產加工。量測設備是以三次元量測系統為主，基本上有接觸式（探針式）和非接觸式（雷射掃描、照相、X 光等式）兩大類。

　　早期是以探針式為主，雖然價格較便宜，但速度較慢，而且以探針與物體接觸會有盲點，並且使軟體物體容易變形影響量測精度。但去除以上缺點，它可以具有很高的量測精度，適合做相對尺寸的量測與品質管制。

　　雷射式快、精確度適當，並且可以掃描立體的物品獲得大量點資料，以利曲面重建，量測完後在電腦讀出數據，通常這部分稱為逆向工程前處理。

　　逆向工程所掃描出的資料大多為點資訊，利用連續取得的點資訊進而構成出完整的逆向資料，這種資料我們稱作「點雲」，但點雲資料是相當龐大且難以利用的，所以各家提供逆向技術的公司就會開發出特定的演算法將連續的點雲進行重建，將資料整理成工業軟體可使用的曲面或是多邊形網格。

圖 1-9　點雲資料形態（圖片來源：維基百科）

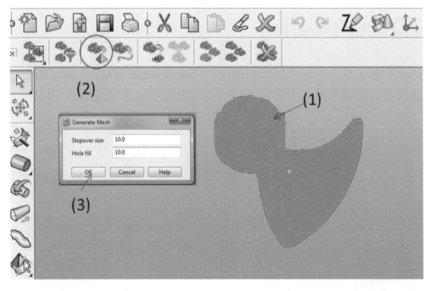

圖 1-10　點雲資料為掃描所得到原始的資料形態，必須經由重建以及修正後才能順利使用

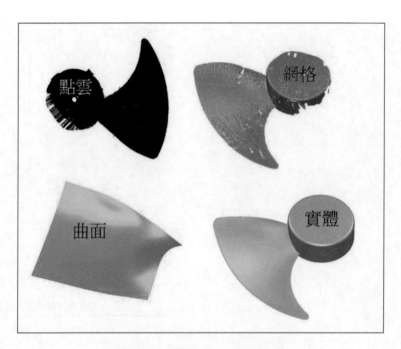

圖 1-11　不同的 3D 模型形態

1.4　逆向工程的應用

　　逆向工程不單應用在工業或機械相關領域，在設計工藝、材料、資訊傳播、醫學以及電影工業等都能看見其相關應用，需針對不同的應用選擇不同的逆向方式，後續的資料處理也有所不同。

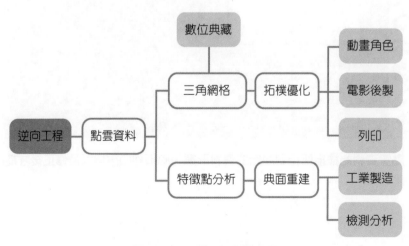

圖 1-12　逆向工程的應用

1.4.1 電腦輔助檢測

例如，鑄造公司可使用逆向工程技術將風力發電所需求之葉片成品進行檢測，從點雲資料轉換到產出彩色等高線誤差圖示都可以利用逆向工程技術完成，下圖為掃描儀進行葉片檢測之圖示。

圖 1-13　葉片點雲資料採集（圖片來源：Autodesk，https://www.youtube.com/user/DelcamAMS）

圖 1-14　葉片量測資料與數位 CAD 模型比對之色彩誤差圖（圖片來源：AutoDesk，https://www.autodesk.com/products/powerinspect/overview）

工業環境利用逆向工程進行檢測非常的廣泛，所能檢測的不止是工件，從機台的設計、模具的製作到射出成型的成品翹曲及縮水程度都能以逆向工程技術檢測並加以管控，讓整個生產流程有明確的數據來掌控。

1.4.2　客製化商品

逆向工程技術並不是只能應用於生硬的工業環境，也可利用於日常生活中的客製化概念設計，應用光學式逆向掃描將使用者的模型製作出來後即能快速的應用於 3D 列印等新式的生產環境，製作出高度客製化且精細的客製商品。

圖 1-15　逆向工程結合後端 3D 客製化水晶商品

圖 1-16　逆向工程結合後端 3D 列印商品

1.4.3　電影工業

　　逆向工程不止應用於製造工程環境，電影及動畫工業也大量應用了逆向工程。早期電影工業拍攝高風險的場景時，多半是利用特技演員以及替身搭配化妝技術來表現出驚險、刺激的場面，而現在則是利用部分真實場景搭配綠幕及電腦動畫，呈現給觀眾虛實整合的觀影感受。過去受限於技術，在攝影機的移動、演員的動作以及特效都有著不小的限制，隨著科技進步，現今電影工業導入逆向工程，將演員的全身掃描成數位模型後，進入 3D 軟體重建出以假亂真的演員全身模型。

　　除了模型資料外，逆向工程在電影工業也用來擷取演員的動作資料。在拍攝電影時演員不一定可以輕易作出所要求角色的動作，於是在拍攝之前需透過不斷的練習以及專業訓練，但若拍攝時若動作失敗或是演員受傷都會讓時間以及金錢成本無限制的提高。而透過了動作擷取系統，可由相關特技人員穿戴上專用的動作逆向擷取設備，將表演的工作利用逆向技術擷取下來，套用至 3D 軟體中的演員模型，這樣一來所有的工作都可以分工同步執行，大幅降低拍攝的成本，應用於 3D 軟體後於畫面中呈現，所有的燈光、特效組員便可以立即且具體的明白導演所需要的效果。

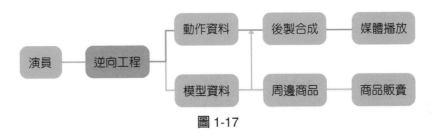

圖 1-17

圖 1-18

人體的逆向掃描非常困難，人體會有細微的動作，不像一般物體可以保持不動，所以必須利用高精度的相機以及光柵投射對應的參考點，在一瞬間將人體的特徵擷取下來供後端逆向軟體作處理。電影工業所使用之 3D 軟體跟工業要求的精度不同，較注重在生物細節的處理以及再現的質感，所以此種逆向工程也會同時將人體的色彩資訊保留。

圖 1-19　Light Stage 掃描系統，利用環繞著被掃描物的大量照相機，並在一瞬間同步擷取各個角度之相片再由後端電腦處理為 3D 掃描物件（圖片來源：http://gl.ict.usc.edu/LightStages/）

　　知名的超級英雄電影「綠巨人浩克」，使用 3D 掃描擷取演員臉部特徵後將其應用於後續的動畫處理，以現今的動畫工業來說，單只有擷取演員的臉部用處並不大，多半還要結合後續動態捕捉系統讓表演者穿上特製的動態擷取服裝，利用空間定位將表演者的動作逆向至 3D 動畫軟體內，再跟現實攝影機的定位紀錄同步後就能作出以假亂真的電影作品。由於大量使用虛擬特效，現今的電影特效能作出以往不可能出現的運鏡以及演員的肢體動作，讓觀賞的刺激度大幅上升。

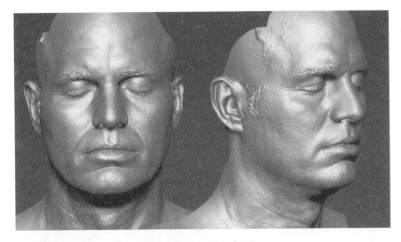

圖 1-20　超級英雄電影角色頭部逆向（圖片來源：http://www.cgmeetup.net/）

1.4.4　醫學應用

　　常見的醫學逆向工程如電腦斷層掃描（Computerized tomography），則是利用 X 光的原理將人體切面的影像一張張的結合為一個 3D 立體資訊，其優點為具穿透性且不用接觸到被掃描物，很適合用來處理醫療需求。缺點為此方式有輻射線，及被掃描者需使用之顯影劑在某些情況會有過敏的現象，所以後來又延伸出核磁共振等利用偵測氫原子磁性波動來測定掃描物的位置的方式，由於人體中含有大量的水分，此方式無輻射線且不一定需要搭配顯影劑即能使用，唯掃描時間較久。

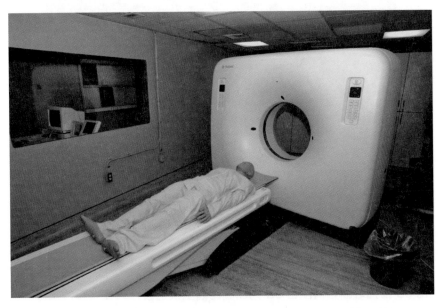

圖 1-21　電腦斷層掃描醫學檢測機台（圖片來源：維基百科）

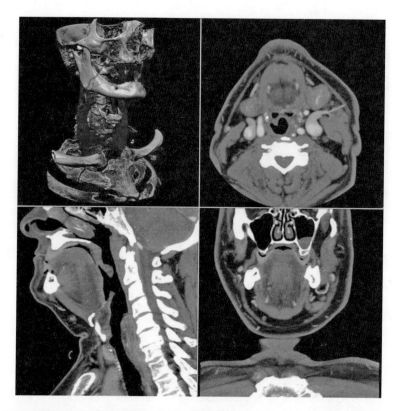

圖 1-22　電腦斷層掃描利用連續圖片將各個資料組合成 3D 模型（圖片來源：維基百科）

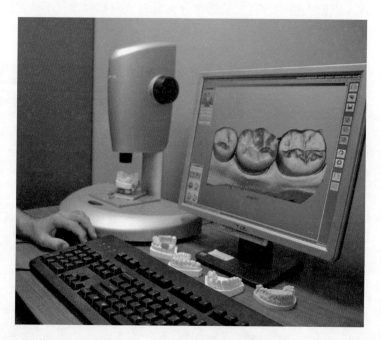

圖 1-23　應用 3D 掃描牙齒結構配合 3D 列印協助醫生快速製作牙模（圖片來源：DOVER AIR FORCE BASE）

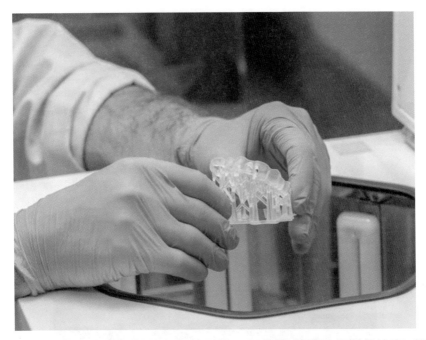

圖 1-24　3D 掃描搭配 3D 列印製作出專用牙模，加快醫療輔具的製作流程（圖片來源：formlabs.creativetools.se）

　　面部重建技術需應用到牙科、口腔外科、顏面整型外科等等科別，在過去皆非常依賴醫生個人的技術，導致手術次數的增加，累積的誤差值導致術後效果降低以及醫療成本提高，造成醫療體系與病患間不小的認知落差。導入逆向工程技術可以利用專用的 3D 軟體模擬出最適合患者的面部重建流程，降低各個環節所造成的誤差以及溝通上的具體認知，也可以增加手術成功率，改善患者術後的生活品質。

1.4.5　古蹟數位典藏

　　保存百年的歷史文物會隨著時間而慢慢消逝或損毀，但有些建物的所在地位於人無法輕易到達的地方，影像式的 3D 掃描技術可以搭配無人機進行掃描，部分 GIS 地理資訊其實也是利用影像的方式來作大規模的地理資訊掃描。3D 掃描可將古蹟資訊以數位的方式保存下來，供相關專業人員作分析以及應用。

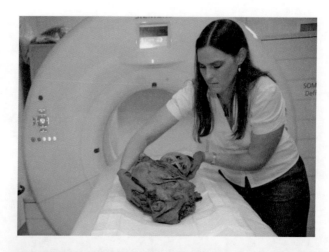

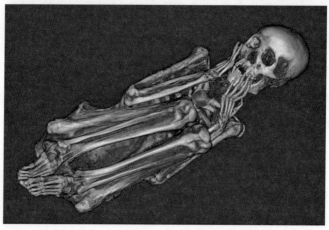

圖 1-25　聖地亞哥博物館將 550 年歷史的木乃伊透過 CT 斷層掃描，並用軟體重建骨骼以及組織等生物資訊（圖片來源：U.S. Navy photo by Mass Communication Specialist 3rd Class Samantha A. Lewis/Released）

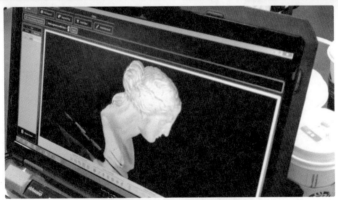

圖 1-26　利用逆向工程可以針對文化資產作數位典藏，或利用 3D 列印技術重現物品樣貌

1.4.6 地景資訊

　　地景資料的規模以及尺度範圍都非常的大，但這種時候其要求重點往往在於環境的樣貌呈現以及相關的地理資訊，細部的精度需求不像工業模具那麼高，利用高畫質的相機以及無人空拍機進行多角度的拍攝後，以專業的逆向軟體進行處理即能得到高彩度以及相對準確的具像 3D 資訊。此種資料可帶有地貌、色彩、方向、高度、GPS 等地理數位資料，對於地理分析以及地景勘查非常的有幫助。

圖 1-27　利用無人機作為逆向用的硬體設備（圖片來源：維基百科）

　　在 2016 年 2 月 6 日凌晨，台灣南部地區發生芮氏規模 6.4 的地震造成大樓倒塌的意外，台南成功大學便利用無人飛行器結合 3D 掃描技術將現場資料儲存為 3D 資訊，供民眾以及相關人士參考整體的救難情形，如圖 1-28。

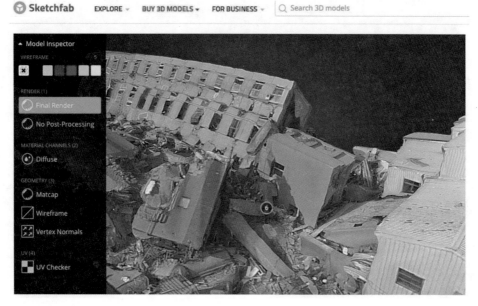

VR-Weiguan Collapsed Building (Feb.7,2016)

圖 1-28　2016 年 2 月 VR-Weiguan 倒塌建築物現場掃描模型（圖片來源：Sketchfab）

1.4.7　建築資料

　　大型空間、室內管線規劃、量測以及建設規範的制定，建築相關設計以及 BIM 資料的導入，此種需求多半會利用雷射掃描的方式，量測雷射光束擊中物體後反射回的訊號，將資料精確的記錄下來，再利用對應的建築相關軟體作規劃及應用。

圖 1-29　雷射 3D 掃描儀（圖片來源：U.S. Air Force Civil Engineer Center）

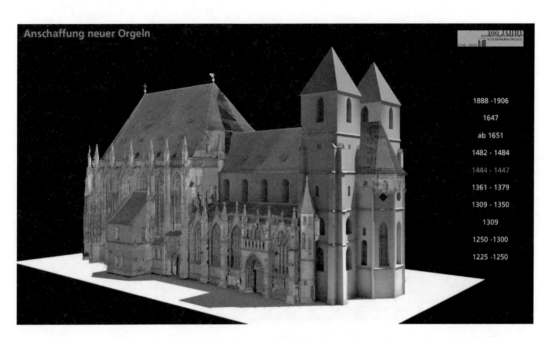

圖 1-30　建築逆向工程數位典藏（圖片來源：維基百科）

1.4.8　利用 3D 列印技術將逆向之動畫角色輸出為實體模型

　　3D 列印由於硬體技術的提升，最近已經變成較為平易近人的一種設備，目前 3D 列印還是無法全面普及的最大因素就在於 3D 來源檔案的取得，由於不是每個使用者都能使用工業、動畫等 3D 軟體，所以對於 3D 列印的實用性就遇到瓶頸。由 Flux 公司出品的 3D 印表機為了改善使用者操作 3D 不易的問題，便在印表機內加入了簡易型的雷射 3D 掃描裝置，可以讓使用者作初階的模型複製功能，試想未來若家中有某個家具部件壞掉，只要將其放入印表機內，則印表機便幫您將此部件「影印」出來，這樣一來才能發揮 3D 列印的實用性。

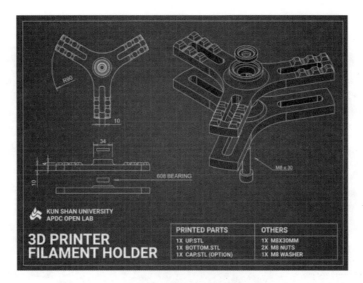

圖 1-31　3D 列印可將虛擬的原件快速的產出

　　現今工業逆向工程技術提供者往往也會搭配 3D 快速原型技術作整體解決方案，在過去逆向工程完成後還是需經由 CNC 等機台將逆向資料產出實體來作測試或其他應用，而如今 3D 列印技術愈趨成熟，搭配 3D 列印技術可以省去非常多的時間以及材料成本，且可以在一個空間內就快速佈署完成。

　　3D 列印技術目前主流為 FDM（熔融沉積層型）技術，主要將 PLA 或 ABS 等線型材料經由加熱器加熱成液體後由精細的噴嘴擠出然後冷卻堆疊，擠出過程由三個軸向的馬達控制堆積的路徑，最後不斷的堆積出完整的工件。

　　隨著材料科技的提升，3D 列印在現今也可以使用鈦合金、陶瓷甚至碳纖維等材料進行快速原型製作，目前使用的主流是利用粉末狀的材料於列印時噴上特定的膠或是採用雷射熔融將粉末晶粒結合，最後再使用高溫爐將整個工件強化成為原型。

圖 1-32　熔融沉積層型 3D 列印所使用的材料

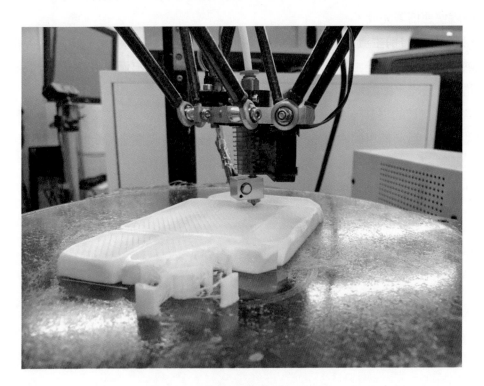

圖 1-33　熔融沉積層型 3D 列印

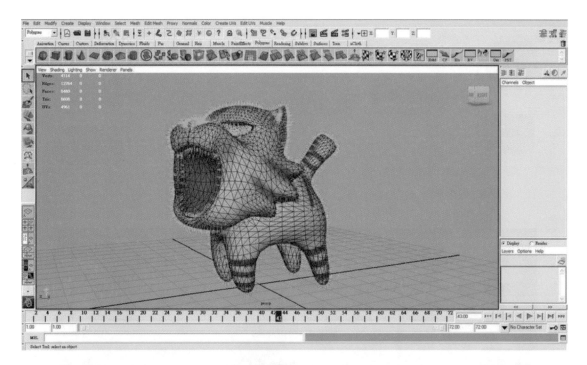

圖 1-34　利用粉末材料所列印之彩色列印模型

　　現今逆向工程為多種技術的整合使用，判定需求後選擇合適的技術來處理逆向工序是非常重要的，如針對工業製造需求有精度的考量，而針對影視動畫則有速度以及色彩的考量，如何將這些技術加以整合應用將為未來發展的重點之一。

1.4.9　VR 環景技術

　　逆向工程也可應用於 VR 環景的模擬環境中，由於網路技術的進步，開發團隊現在可以利用網路進行跨國的合作，在開發階段下可利用逆向工程將環境以及物件利用逆向工程保留關鍵資訊，爾後利用 VR 虛擬實境進行一比一的導覽以及研究。

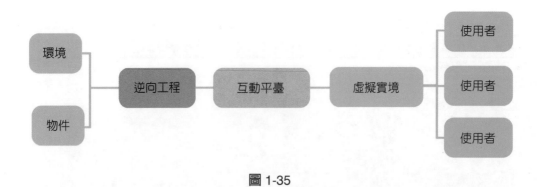

圖 1-35

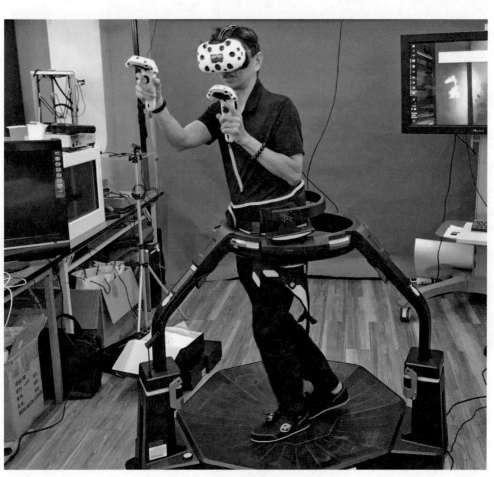

圖 1-36　利用虛擬實境進行導覽

AutoDesk PowerShape® 軟體使用入門

(Basics of AutoDesk PowerShape®)

2.1 AutoDesk PowerShape® 軟體練習版下載連結

1. PowerSHAPE Ulti 2017 練習版下載連結

https://efulfillment.autodesk.com/NET17SWDLD/2017/PWRSU/ESD/Autodesk_ PowerShape_Ultimate_2017_CR_17.1.36_Multilingual_Win_64bit_Setup.exe?authparam=1538353 987_84a8040c9bf6432f55676081266ebe12&SESSION_ID=1536553987001&ext=.exe

2. PowerSHAPE Ulti 2019 練習版下載連結

https://efulfillment.autodesk.com/NetSWDLD/2019/PWRSU/8B6D938F-CEC4-4936-BAB2- FFBFAB338121/SFX/PowerShape_Ultimate_2019_ML_Win_64bit_dlm.sfx.exe?authparam=15383 48322_0d087b826397b13dc22d16133cd7c118&SESSION_ID=1536548322186&ext=.exe

下載安裝後，通過「執行」即可以得到 30 天試用版。

2.2 視窗主要介面介紹

AutoDesk PowerShape® 2017 版的介面如下圖，主要先介紹八個部分：

1. 下拉式功能表（Pull-down menus）。
2. 主工具列（Main toolbar）。
3. 模型展示方式（Viewing and shading options）。
4. 現狀顯示（Status bar）。
5. 指令列（Command toolbar）（此處僅顯示位置，內容會根據 (2) 和 (8) 而變化）。
6. 圖面（Graphics window）。
7. 模型選擇（Selection）。
8. 編輯工具列（General edits option）。

為節省篇幅及提高效率，模型展示方式以及現狀顯示兩部分會穿插在範例實作章節中分別敘述。

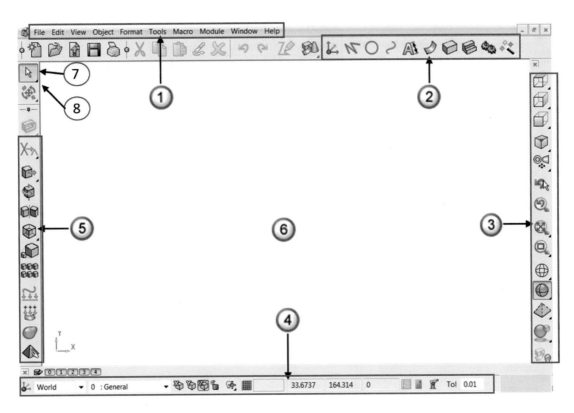

1. 下拉式功能表（**Pull-down menus**）

　　各項是以文字來敘述的，點選一個就會展開細部各項指令，範例如下：

檔案　　　　　　　　　　　　　　工具列

| File Edit View Object Format Tools Ma | | Tools Macro Module Window Help |

檔案選單		
New	Ctrl+N	
Open...	Ctrl+O	
Open Drawing...		
Open Component Library...		
Close	Ctrl+F4	
Close and Zip		
Save	Ctrl+S	
Save As...		
Save Thumbnail		
Properties		
Examples...		
Print...	Ctrl+P	
Print Preview		
Page Setup...		
Print to File...		
Reset		
Delete...		
Import...		
Export...		
Recent Files	▶	
Exit	Alt+F4	

Tools 工具選單：

Model Fixing　　修改模型　▶
Model Analysis　▶
Devices　▶

Selection Information

Component Drawings...
Create Titleblock
Create Movie...

Login...
Preview Mode
Release Licences

File Doctor
Compress Model
Convert all Solids...

Customise　▶

Options...

Autodesk A360

Model Fixing 子選單：

Identify Problem Surfaces
Surface Trim Region Editing
Find Duplicates
Stitch
Approximate
Simplify Outside Trim
Smart Surfacer
Orient Normals
Solid From Surfaces
Show Open Edges in Solid
Repair Solid

2. 主工具列（Main toolbar）

　　點選主工具列任何一個圖示（icon）就會在指令列的位置上出現細項的各個指令，如下圖：

座標　直線　圓弧　曲線　文字　　曲面　實體　特徵　組立　　精靈

3. 模型選擇（Selection）

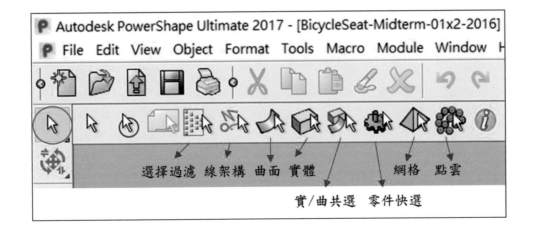

逆向工程技術及實作

對於複雜的模型，軟體提供了選擇過濾器 這樣的指令，可以細化所需顯示的具體

部位，如下圖：

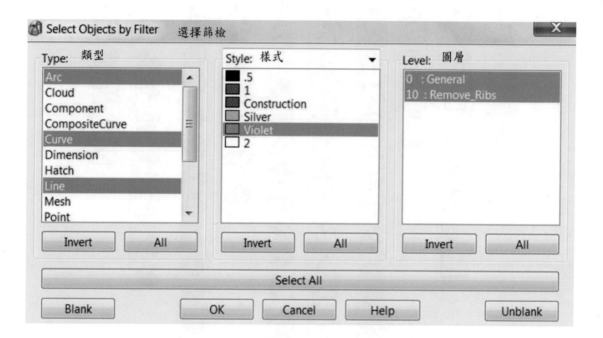

4. 一般編輯工具列（General edits option）

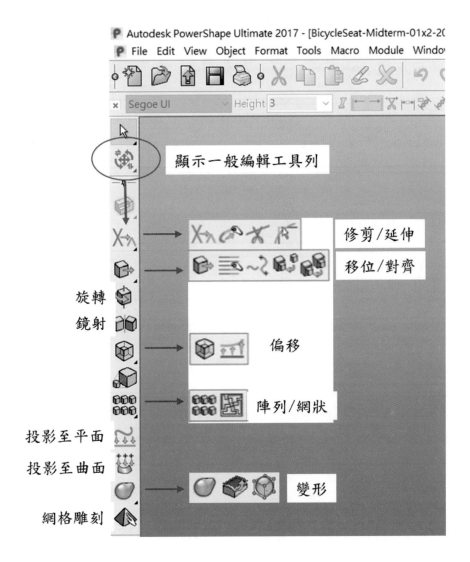

現代技術日新月異，設計軟體也是一樣，常常每年就會推出新版本，筆者開始寫作時用的是 2017 版，不久 2018 版、2019 版相繼推出。但是萬變不離其宗，而且越變功能越完整，越變對使用者越友善。如果掌握了基本的概念和技巧，習慣新的版本則是輕而易舉的事。本書範例基本上以 2017 版敘述，個別範例則添加了 2018 版的介紹。

AutoDesk PowerShape® 2018 版一般編輯工具列介面如下圖：

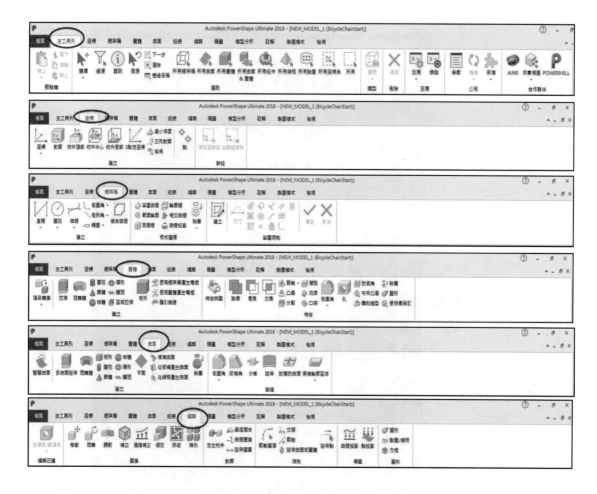

2.3　一些常用的捷徑鍵組合（Some useful shortcuts）

　　本軟體有不少的捷徑鍵組合，在此僅敘述本書練習中常用的捷徑：Ctrl+J〔隱藏（Blank）〕、Ctrl+K〔隱藏其他（Blank Except）〕、Ctrl+L〔不隱藏（Unblank）〕、Ctrl+Y〔顯示其他（Blank Toggle）〕。

 →  →

選擇頂部面　　　　　→　　隱藏頂部面　　　　→　　全部恢復顯示
Select top surface　　　　　Ctrl+J　　　　　　　　Ctrl+L

 →  →

選擇左邊部分　　　　→　　隱藏其他　　　　　→　　顯示其他
Select the flange　　　　　Ctrl+K　　　　　　　　Ctrl+Y

2.4　滑鼠左、中、右三鍵的作用

點擊左鍵：　　　　　按住中輪：　　　　　點擊右鍵：
・　選擇　　　　　　　・　旋轉　　　　　　　・　動態視窗
　　　　　　　　　　　滾動中輪：
　　　　　　　　　　　・　放大/縮小

例如，在圖面內點擊滑鼠右鍵就會產生動態視窗，操作者就可以方便地選擇所需的指令。

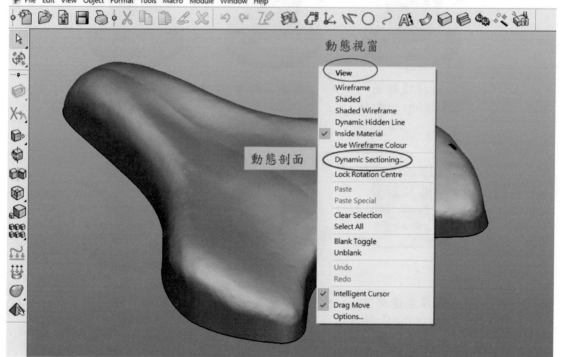

2.5　本書所附的原始檔案（Attached original models）

| 檔案名稱(N): | M-01-BicycleSeat.psmodel ▼ | 開啟舊檔(O) |
| 檔案類型(T): | 支援所有模型 (*.psmodel;*.shoe;*.zip) ▼ | 取消 |

| 檔案名稱(N): | M-02-Surface_Start.psmodel ▼ | 開啟舊檔(O) |
| 檔案類型(T): | 支援所有模型 (*.psmodel;*.shoe;*.zip) ▼ | 取消 |

| 檔案名稱(N): | M-03-Fan_Start.psmodel ▼ | 開啟舊檔(O) |
| 檔案類型(T): | 支援所有模型 (*.psmodel;*.shoe;*.zip) ▼ | 取消 |

| 檔案名稱(N): | M-04-HandleStart.psmodel ▼ | 開啟舊檔(O) |
| 檔案類型(T): | 支援所有模型 (*.psmodel;*.shoe;*.zip) ▼ | 取消 |

| 檔案名稱(N): | M-05-ShowerHead_Start.psmodel ▼ | 開啟舊檔(O) |
| 檔案類型(T): | 支援所有模型 (*.psmodel;*.shoe;*.zip) ▼ | 取消 |

| 檔案名稱(N): | M-06-Wheel_Start.psmodel ▼ | 開啟舊檔(O) |
| 檔案類型(T): | 支援所有模型 (*.psmodel;*.shoe;*.zip) ▼ | 取消 |

| 檔案名稱(N): | M-07-Helmet_Start.psmodel ▼ | 開啟舊檔(O) |
| 檔案類型(T): | 支援所有模型 (*.psmodel;*.shoe;*.zip) ▼ | 取消 |

| 檔案名稱(N): | M-08-Cheekbone_Start.psmodel ▼ | 開啟舊檔(O) |
| 檔案類型(T): | 支援所有模型 (*.psmodel;*.shoe;*.zip) ▼ | 取消 |

| 檔案名稱(N): | M-09-AlignTeddy_Start.psmodel ▼ | 開啟舊檔(O) |
| 檔案類型(T): | 支援所有模型 (*.psmodel;*.shoe;*.zip) ▼ | 取消 |

M-01-BicycleSeat.psmodel	2016/4/19 上午 1...	PowerShape Doc...	1,122 KB
M-02-Surface_Start.psmodel	2018/11/3 下午 0...	PowerShape Doc...	1,708 KB
M-03-Fan_Start.psmodel	2018/11/3 下午 0...	PowerShape Doc...	21,550 KB
M-04-HandleStart.psmodel	2018/8/22 下午 0...	PowerShape Doc...	1,056 KB
M-04-HandleStart.stl	2016/3/4 下午 04...	憑證信任清單	856 KB
M-05-ShowerHead_Start.psmodel	2018/11/3 下午 0...	PowerShape Doc...	3,152 KB
M-06-Wheel_Start.psmodel	2009/9/4 下午 01...	PowerShape Doc...	19,172 KB
M-07-Helmet_Start.psmodel	2018/9/13 下午 0...	PowerShape Doc...	17,832 KB
M-08-Cheekbone_Start.psmodel	2015/4/15 上午 0...	PowerShape Doc...	7,344 KB
M-09-AlignTeddy_Start.psmodel	2018/8/16 上午 0...	PowerShape Doc...	3,664 KB
M-10-Blades.SLDPRT	2018/11/3 下午 0...	SOLIDWORKS Pa...	3,446 KB
M-10-Car-2D-3D.SLDPRT	2008/12/30 下午 ...	SOLIDWORKS Pa...	20,789 KB
M-10-Fan-01.png	2018/11/3 下午 0...	PNG 圖像	397 KB
M-10-Fan-02.png	2018/11/3 下午 0...	PNG 圖像	424 KB
M-11-3ddrdemo.exe	2005/6/1 上午 10...	應用程式	6,339 KB

範例一：自行車座墊
（Bicycle seat）

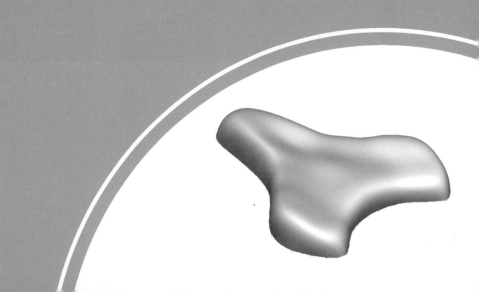

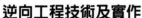

3.1 輸入原始掃描檔案（Import scanned model）

　　開啓檔案 M-01-BicycleSeat.psmodel，此檔案含有一個 3D 掃描得到的自行車座墊三角網格模型（Open file BicycleSeat.psmodel which contains a scanned model）。

檔案名稱(N):	M-01-BicycleSeat.psmodel	▼	開啟舊檔(O)
檔案類型(T):	支援所有模型 (*.psmodel;*.shoe;*.zip)	▼	取消

　　用滑鼠左鍵點擊網格模型後，可以看到三角網格編輯工具列會出現，如下圖：

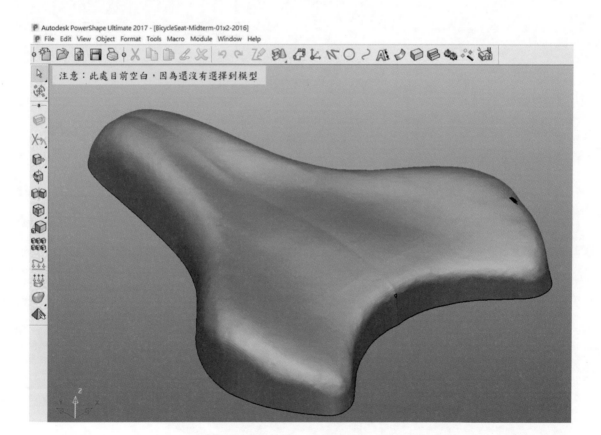

3.2 編輯修補模型（Edit and repair the model）

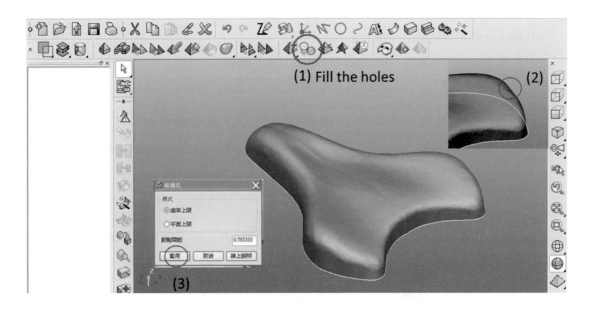

(1) 選取網格補洞工具（Select Fill the holes）。

(2) 點選網格模型上的破洞，電腦會自動將破洞修補完成（Click holes and OK）。

(3) 點選套用完成修補。

3.3 產生曲線（Create curves）

1. 產生邊界曲線並使曲線上的點均勻分佈（Boundary curve）

(1) 開啟曲線工具列（Open curve functions）。

(2) 選擇三角網格模型（Click on the mesh）。

(3) 選擇網格邊界曲線功能（Select boundary curve）。

(4) 選擇適當的光滑程度，完成動作（Choose emoothness and apply）。

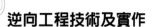

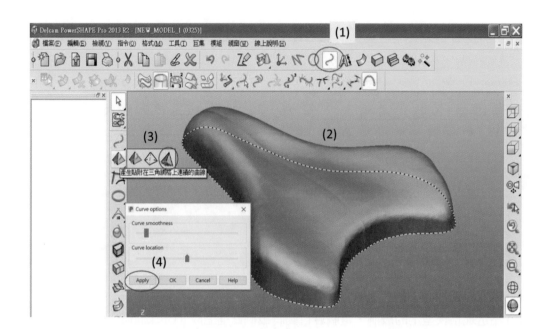

(1) 選擇邊界曲線（Click the composite curve）。

(2) 選擇曲線重新分佈點功能（Select Repoint curve）。

(3) 輸入合適的節點數目（200）。

(4) 點擊 Apply 完成動作（Number of points (200). Apply）。

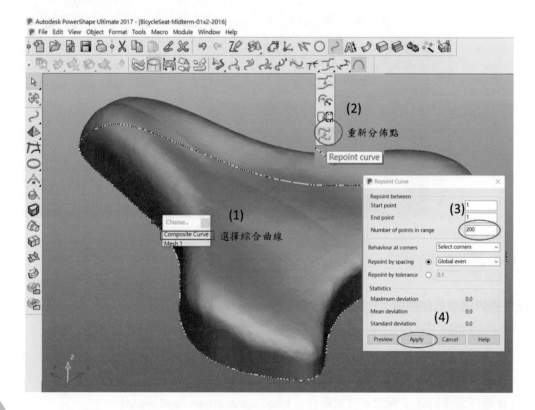

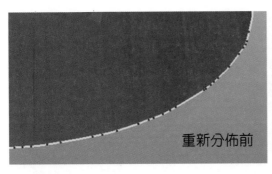
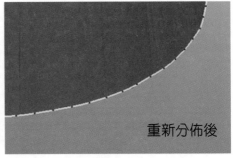

重新分佈前　　　　　　　　　　　　　　重新分佈後

2. 產生剖面曲線（Create cross sectional curves）

(1) 開啟曲線工具列（Open curve functions）。

(2) 選擇網格模型（Click the on mesh）。

(3) 選擇產生剖面線功能（Cross section curves）。

(4) 將模型設置於等視角便於檢視（Set isometric view）。

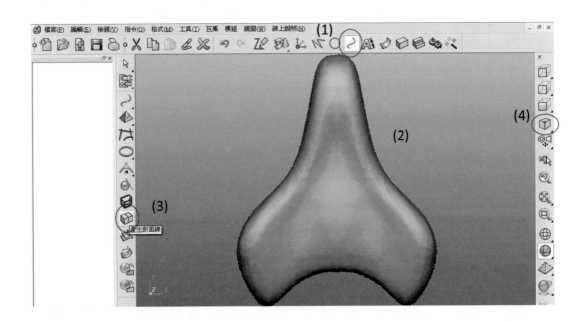

(5) 在對話方塊內作動「根據所選」（Choose " selected items"）。

(6) 作動 X 座標並點擊「Apply」產生 X 方向的 10 條剖面線（X work plane and 10 sections, Apply）。

(7) 以同樣的方法，產生 Y 方向的 10 條剖面曲線，只要點選座標「Y」即可（Apply the same for the Y work plane）。

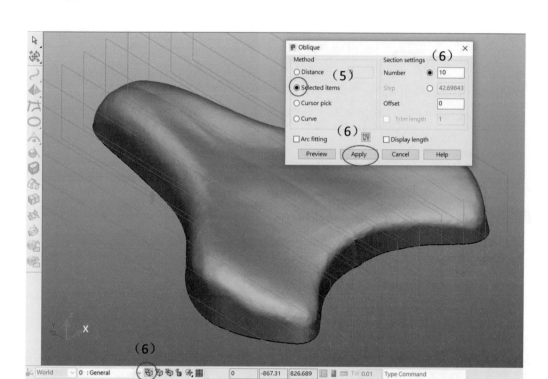

（6）

※ 注意：第 6 步「Apply」應用只能點擊一次，否則會產生重複重合的曲線，後面處理會很麻煩！

3. 隱藏網格模型，僅顯示剖面曲線（Hide the mesh）

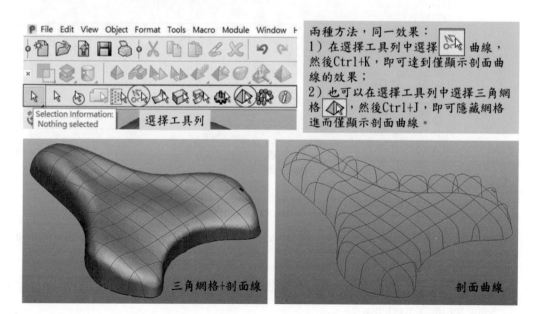

兩種方法，同一效果：
1）在選擇工具列中選擇 ⬚ 曲線，然後Ctrl+K，即可達到僅顯示剖面曲線的效果；
2）也可以在選擇工具列中選擇三角網格 ⬚，然後Ctrl+J，即可隱藏網格進而僅顯示剖面曲線。

三角網格＋剖面線

剖面曲線

3.4　產生智慧曲面（Create smart surface）

(1) 開啓曲面工具列（Open surface functions）。

(2) 作動曲線（Click on curves）。

(3) 選擇智慧曲面功能（Select smart surface）。

(4) 在對話方塊中選擇合適的方法並完成動作（Which one is perfect choose and OK）。

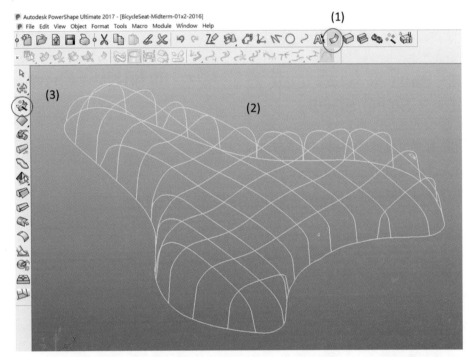

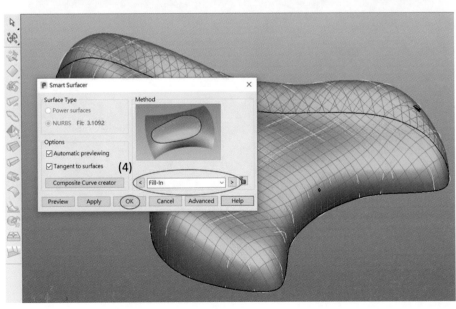

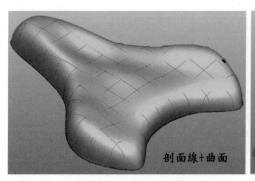

剖面線+曲面

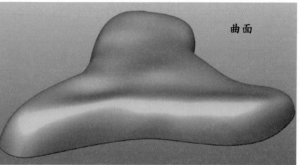

曲面

3.5　將曲面模型轉化成實體模型並加厚（Convert in to a solid shell）

(1) 開啟實體工具列（Open solid functions）。

(2) 作動曲面（Click on the surface）。

(3) 選擇產生實體功能（Created solid from selected surfaces and meshes）。

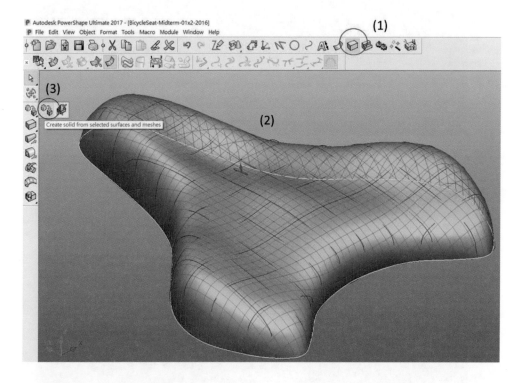

(4) 開啟特徵工具列（Open feature functions）。

(5) 選擇厚面功能（2 mm）（Shell for 2 mm）。

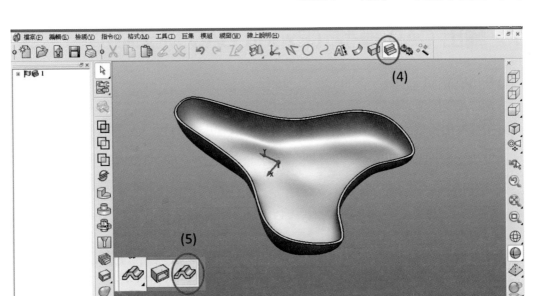

3.6 將實體轉化成 8 節點元素模型（Convert into 8 nodes solid）

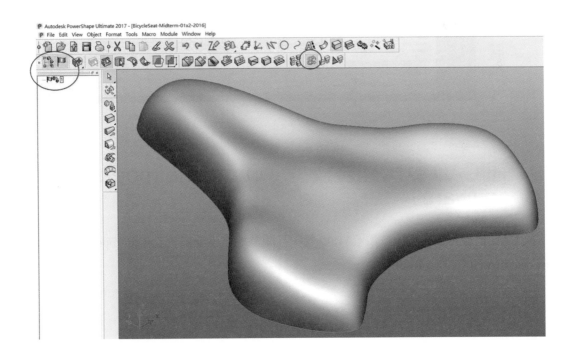

3.7　輸出 CAD 模型（Export CAD Model）

(1) 輸出模型（Export）。

(2) 選擇接受模型的軟體名稱（Select CAD software）。

(3) 選擇輸出模型的格式，建議以 Parasolid（*.x_t）或 STEP（*.step）輸出（Select the format of the expoting file, Prasolid（*.x_t）or STEP（*.step）are suggested）。

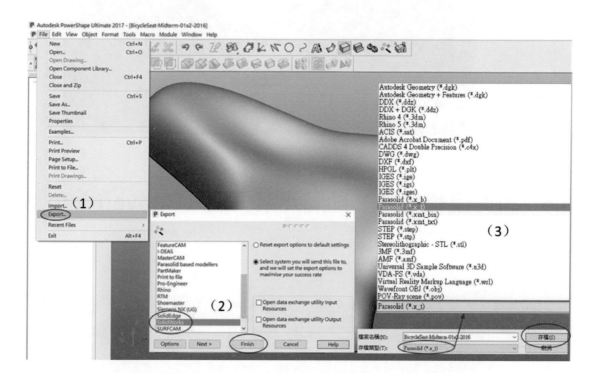

3.8　在 CAD 軟體開啟模型（Open the model in CAD software）

此 CAD 模型可以在絕大多數 CAD 軟體中打開及進一步編輯（You can open the model in most commercial CAD softwares）。

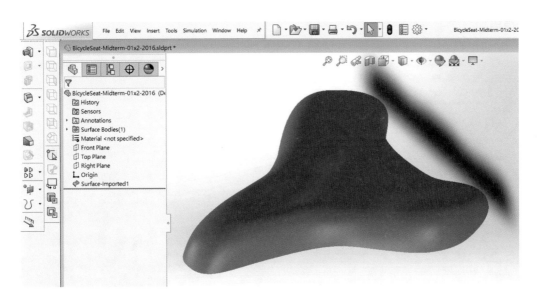

3.9 Autodesk PowerShanpe 2018 版介面操作範例（Autodesk PowerShanpe 2018 version introduction）

以下我們用 2018 版來敘述本範例的主要步驟，可見只要熟練掌握基本概念和操作技巧，習慣新版本是輕而易舉的事。

1. 輸入模型

2. 等視角

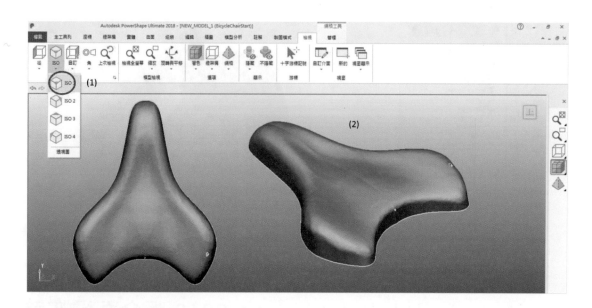

3. 側視並檢視模型底部座標值

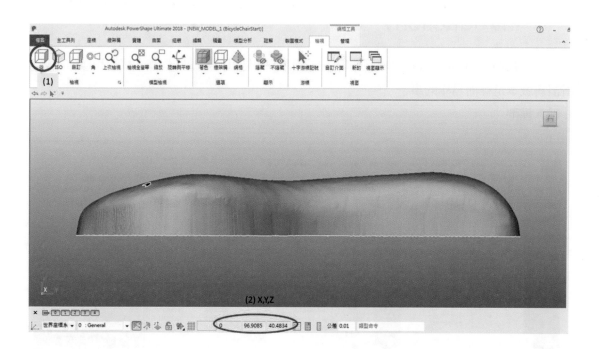

4. 在模型底部建立新座標

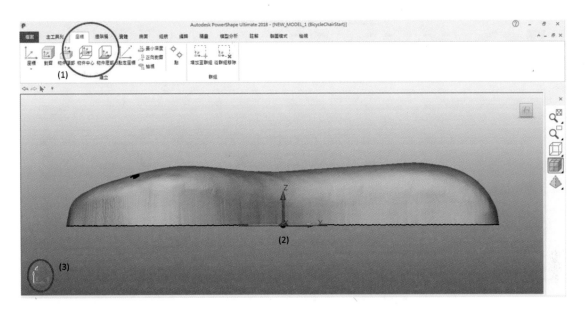

5. 產生輪廓曲線

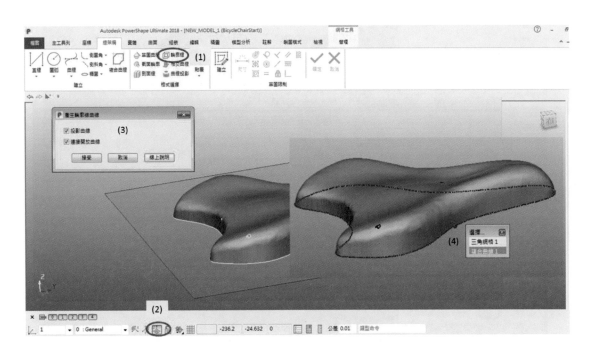

6. 產生剖面線

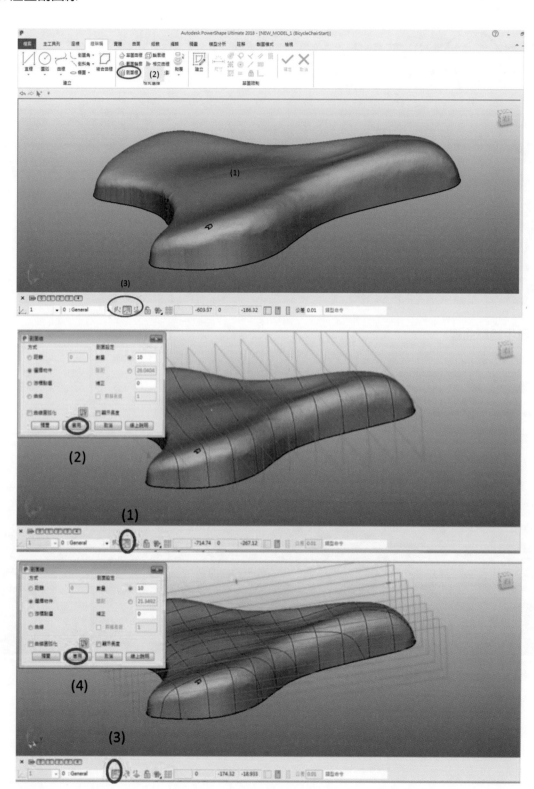

7. 選擇曲線並隱藏網格模型

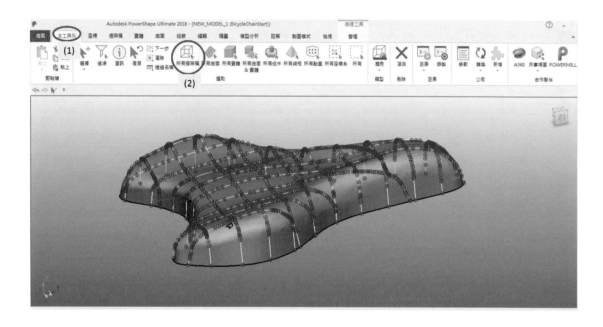

8. 產生智慧曲面

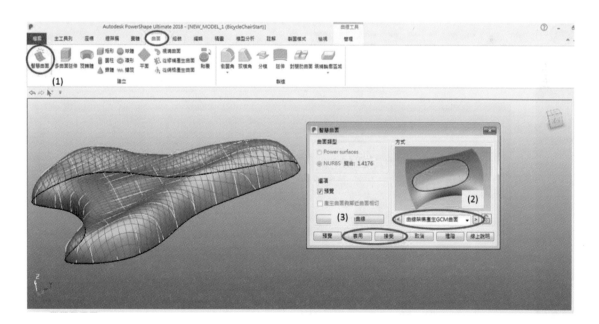

9. 將曲面轉換成實體模型

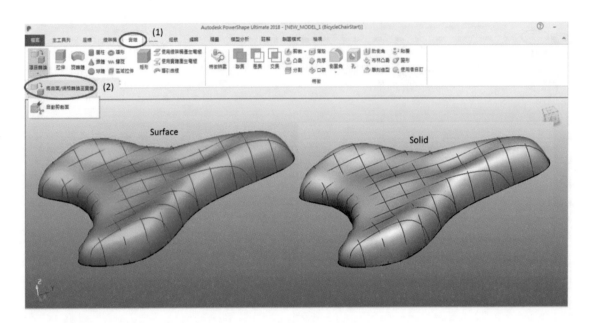

10. 輸出實體模型

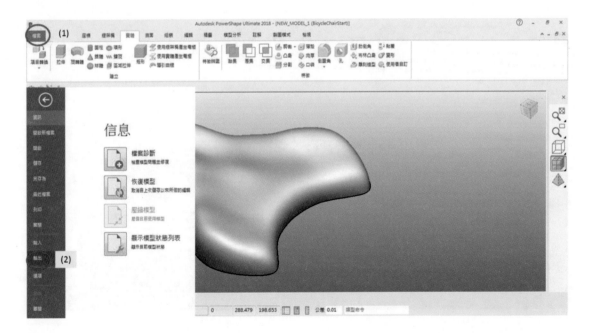

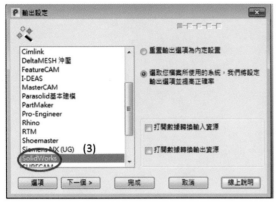

範例二：曲面技巧
（Surfacing techniques）

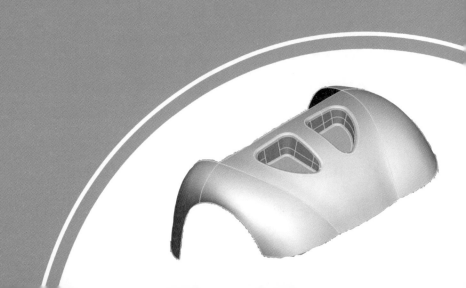

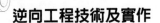

4.1 輸入原始掃描檔案（Import original model）

開啟檔案 M-02-Surface_Start.psmode，此檔案含有一個 3D 掃描得到的點雲，相應的三角網格模型，以及左右兩邊已經完成的曲面。

| 檔案名稱(N): | M-02-Surface_Start.psmodel ▼ | 開啟舊檔(O) |
| 檔案類型(T): | 支援所有模型 (*.psmodel;*.shoe;*.zip) ▼ | 取消 |

(1) 在視窗左下角，打開圖層「0」（其他圖層均保持關閉）。

(2) 從工具列中選擇三角網格。

(3) Ctrl+K，使得視窗中只剩下三角網格模型。

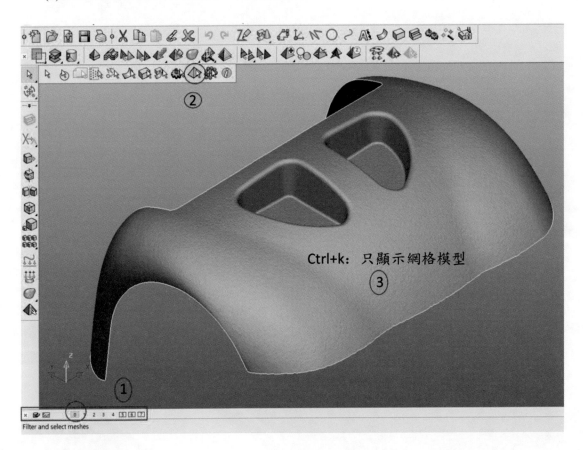

4.2 繪製曲線（Create curves）

(1) 作動圖層 1 顯示兩邊預先完成的曲面（Open the level 1）。

(2) 以網格化顯示（Wireframe view）。

(3) 顯示邊線（Pen edges, hollow）。

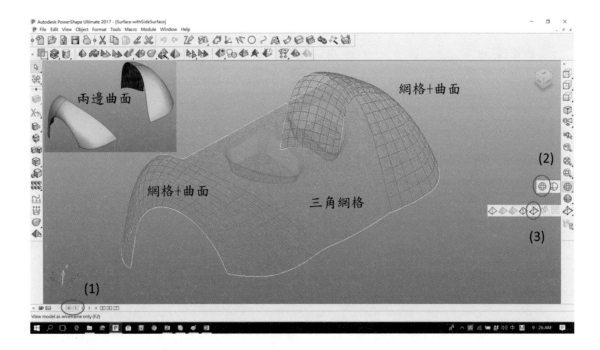

(1) 正視以利繪製曲線（Make top-view of the model）。

(2) 顯示邊線（Select the boarder view of the model）。

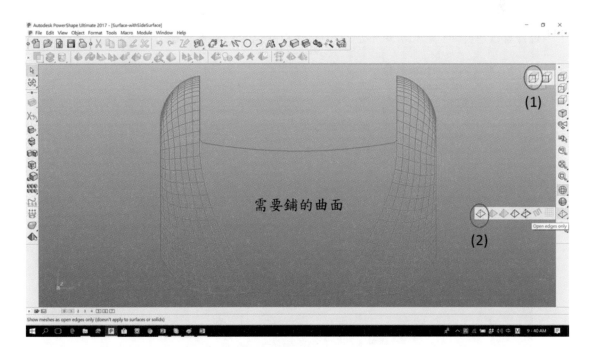

(1) 開啓曲線工具列（Open curve functions）。

(2) 選擇曲線繪製功能（Select curve function）。

(3) 沿著關鍵點分別繪製 4 條曲線（Draw four curves at key-points）。

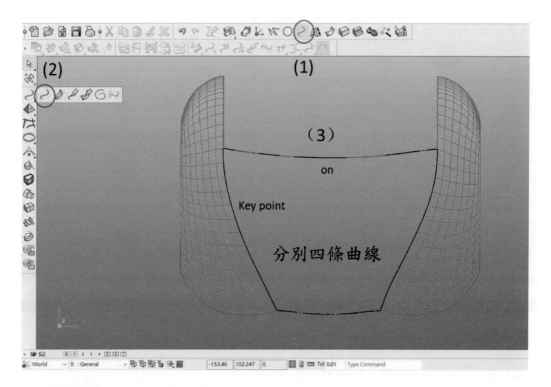

(1) 選擇曲線（Select the curve）。

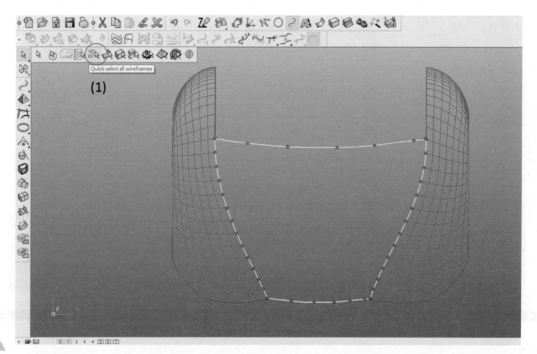

4.3　產生智慧曲面（Smart surface）

(1) 以等視角檢視（Isometric view）。

(2) 開啟曲面工具列（Open surface functions）。

(3) 選擇曲線（Select the four curves）。

(4) 選擇智慧曲面功能（Smart surface）。

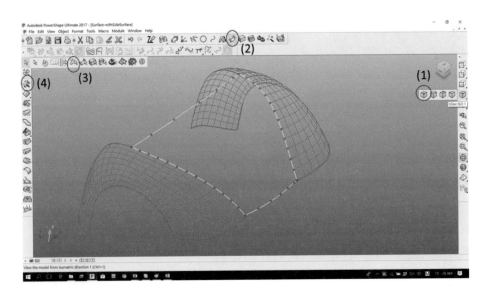

(1) 以著色顯示（Make shaded view of the model）。

(2) 選擇合適的曲面運算方法（Select proper method of surfacing）。

(3) 確認接受完成（Confirm and accept the result）。

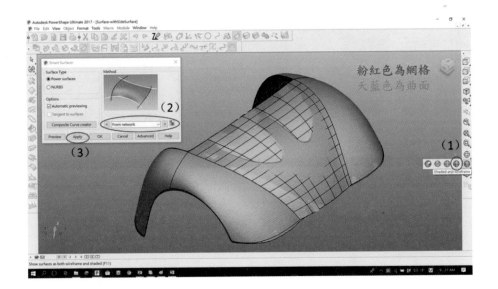

(1) 選擇網格模型（Select meshes）。

(2) Ctrl+J 隱藏網格模型，僅顯示曲面模型（Ctrl+J to hide the meshes）。

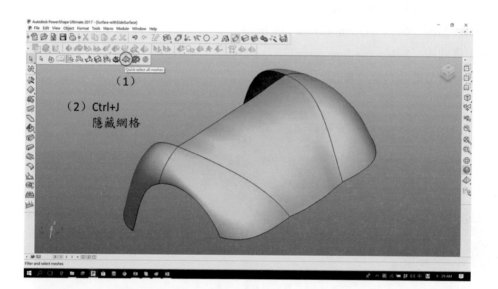

(1) 選擇剛剛完成的中間曲面（Select the surface just created）。

(2) 將其加入圖層 1（Add the surface into layer 1）。

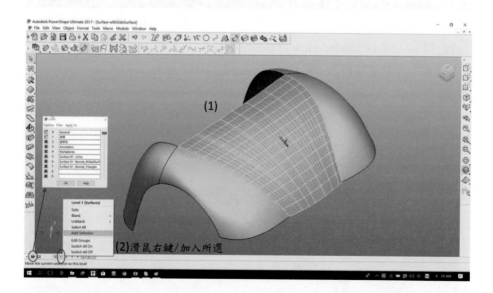

這樣，所有曲面均儲存於圖層 1 之中（Now all three surfaces are in layer 1）。

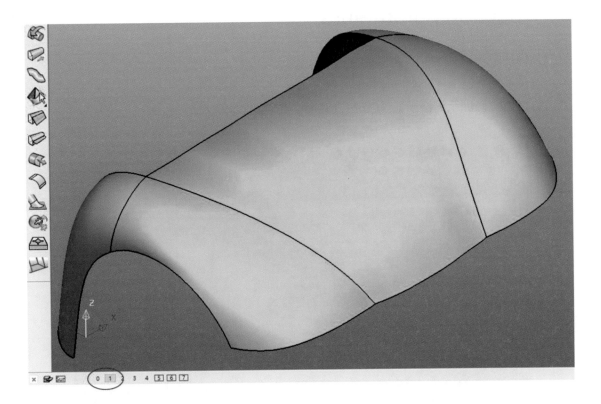

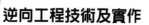

4.4 量取凹陷部分的幾何參數（Measure cross section parameters）

(1) 僅作動圖層 0（Only activate layer 1）。

(2) 選取網格模型（Select meshes）。

(3) Ctrl+K 僅顯示網格模型（Ctrl+K to show meshes only）。

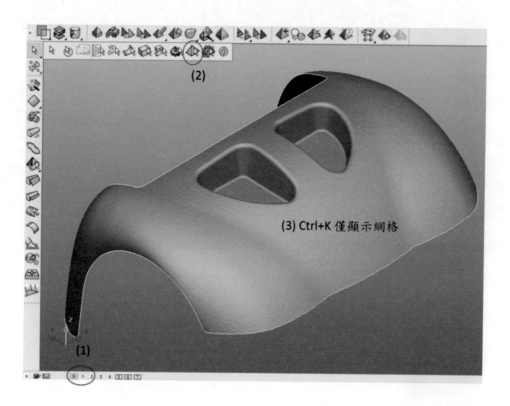

(1) 滑鼠在空白處點擊右鍵，選擇動態剖面功能（Right click in the space & select Dynamic Sectioning）。

(2) 選擇 X 方向（Axis-X）。

(3) 輸入距離 -20（input -20）。

(4) 點擊產生剖面線按鈕（Create wireframe of selected item）。

(5) 打勾透明選項以利觀察，並按 OK 完成（Check Translucency. OK）。

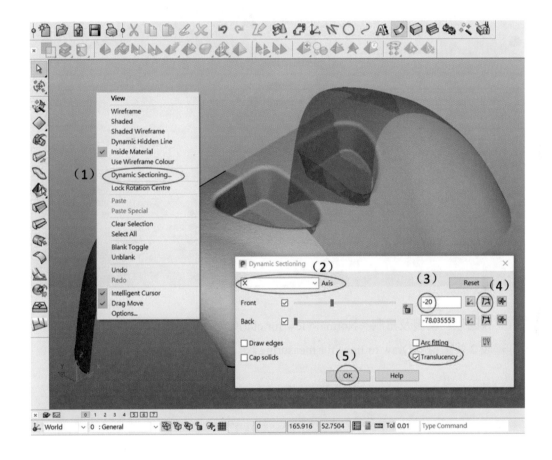

(1) 選擇曲線（Select the cross section curve）。

(2) Ctrl+K 僅顯示曲線（Ctrl+K to show it only）。

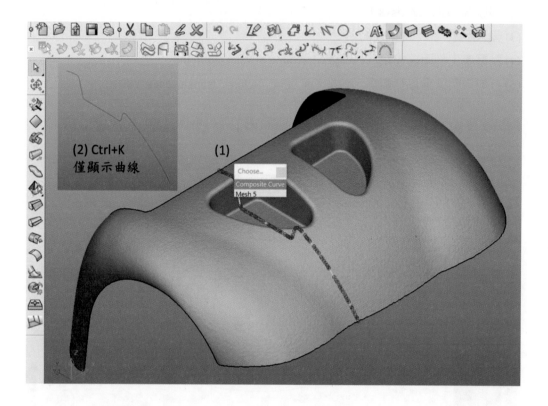

(1) 正視圖以利繪製及量測（Normal view for clarity）。

(2) 繪製 2 條直線（Draw to lines for measuring）。

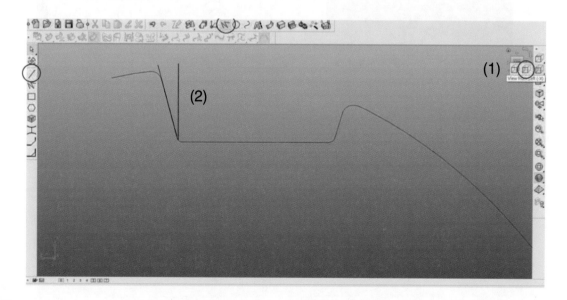

(1) 開啟標注工具列（Open measure tool box）。

(2) 點選角度測量工具（Select angle）

(3) 量測角度得到約 15 度（Measure the angle（about 15 degrees））。

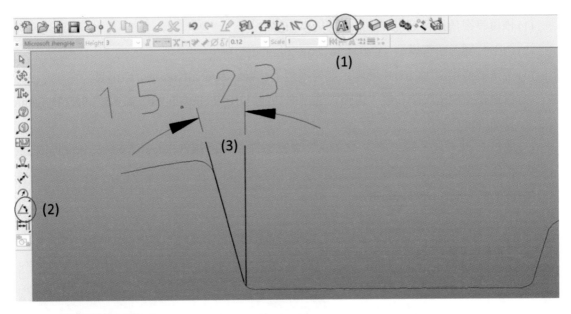

(1) 點選測量工具（Select measure tool）。

(2) 量測園弧（Measure the arc）。

(3) 量測頂部圓弧得到約 2 mm（To radius about 2 mm）。

(4) 量測底部圓弧得到約 1 mm（Bottom radius about 1 mm）。

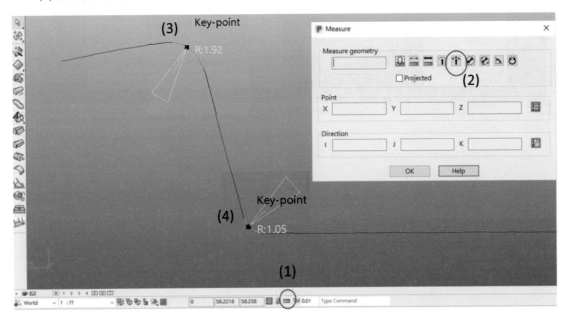

4.5 截取凹陷部分剖面曲線 (Create cross section curve)

用滑鼠左鍵點擊網格模型後,可以看到三角網格編輯工具列會出現,如下圖:

(1) 恢復等視角以利檢視 (Make the Viewi ISO 1)。

(2) Ctrl+L 顯示所有模型 (Ctrl+L to show all models)。

(3) 選擇網格模型,Ctrl+K 僅顯示網格模型 (Qiuck select all meshes, Ctrl+K)。

(4) 滑鼠在空白處點擊右鍵,選擇動態剖面功能 (Right click in the space & select Dynamic Sectioning)。

(5) 選擇 Z 軸方向,輸入尺寸 65 mm,並點擊產生剖面線 (Select Axis-Z, input 65 and click "create curve" icon。

(6) 按 OK 完成 (OK to finish)。

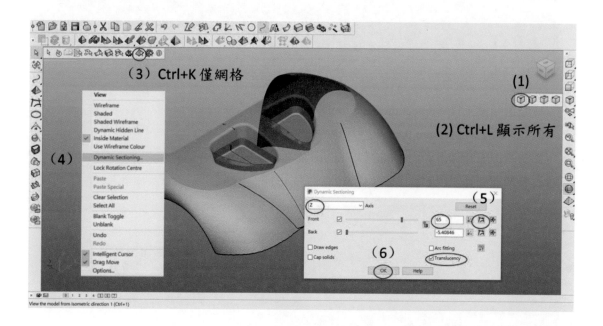

選擇曲線，並以 Ctrl+K 僅顯示曲線（Select curves and Ctrl+K to show curves only）。

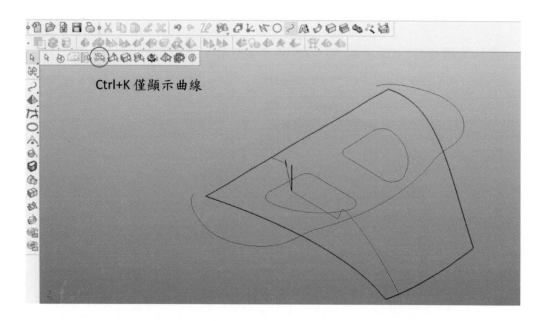

4.6　產生凹陷部分的錐形曲面（Create the conical surface）

(1) 作動曲線並選擇曲線重新分佈點（Activate the curve and redistribute points）。

(2) 輸入點數 50，按 OK 完成（input 50 points and OK to finish）。

(3) 按 Apply 鍵完成動作（Apply to complete）。

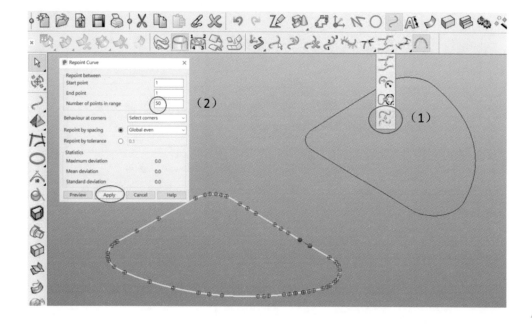

(1) 開啓曲面工具列（open surface functions）。

(2) 選擇拉伸曲面功能（Select extrusion surface）。

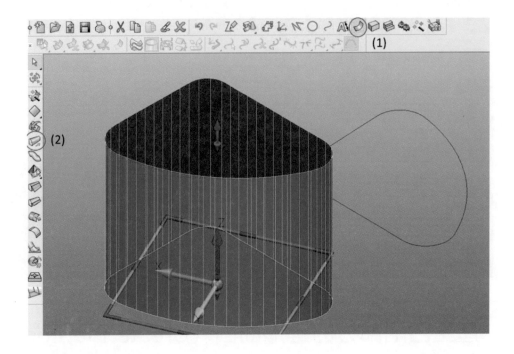

(1) 開啓圖層 1 以顯示曲面（Activate layer 1 to show surfaces）。

(2) 滑鼠左鍵點擊二下拉伸曲面修改參數如圖，產生錐形曲面（Double click the conical surface to change parameters as shown）。

(3) 按 OK 完成（OK to finish）

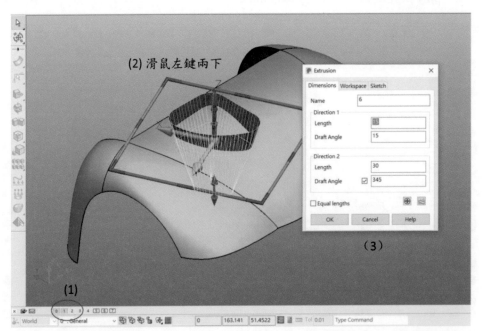

若想要將曲面反向，可進行以下二個小步驟：

1. 針對錐形曲面點擊滑鼠右鍵（Right click at the conical surface）。

2. 選擇「曲面反向」（Click "Reverse" to turn the surface normal reverse）。

然後

(1) 選擇剪裁功能（Select limit function）。

(2) 點擊錐形曲面（Click the conical surface as sutting tool）。

(3) 選擇「保持兩面」（Click "keep both" icon）。

(4) 滑鼠左鍵點擊曲面（Click the portion of surface to be cut）。

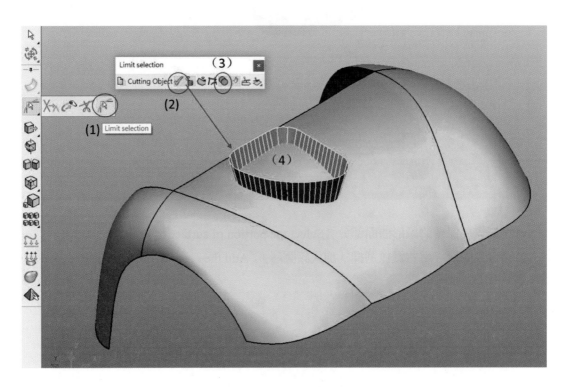

(1) 點選欲刪除曲面部分（Select the portion of surface to be cut）。

(2) 點擊鍵盤上的刪除鍵（Delete it）。

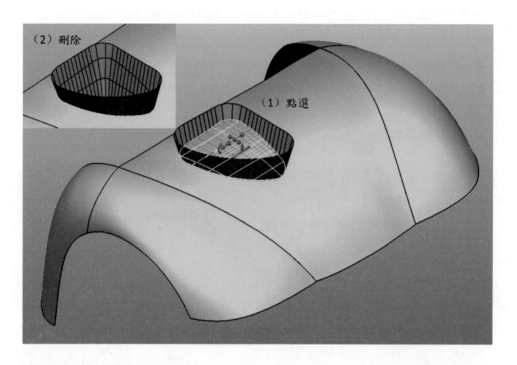

(1) 選擇需要保留的錐形曲面部分（Select the portion of surface to keep）。

(2) 滑鼠到圖層 1 處右鍵並選擇「加入該圖層」（Add the portion into layer 1）。

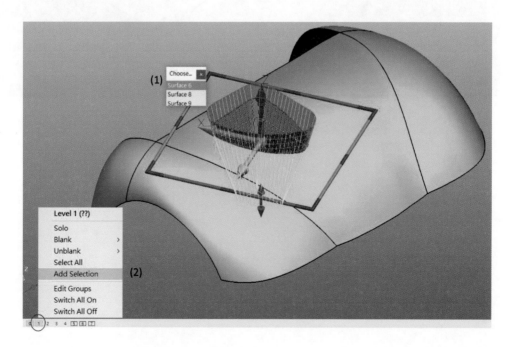

這樣的話，圖層 1 就包含有我們剛剛完成的所有曲面了（Now layer 1 has all the surfaces we just created）。

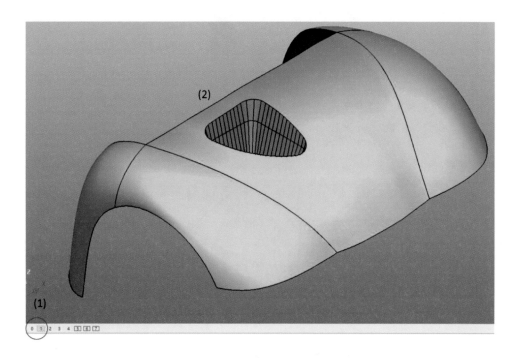

4.7 產生上沿凸圓角（Create fillet）

(1) 開啓曲面工具列（Open surface functions）。

(2) 選擇圓角功能（Select fillet function）。

(3) 設定圓角參數：凸面（Convex）（Set parameters for Convex arc. Conical surface as primary and the other as seconary）。

按 Apply 完成（Apply to finish the fillet）。

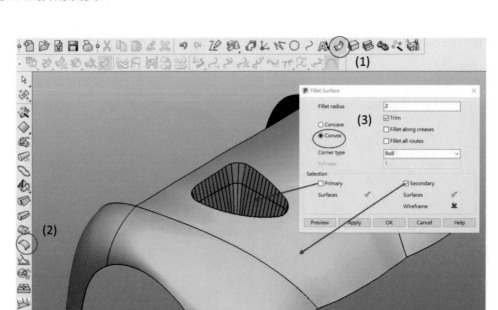

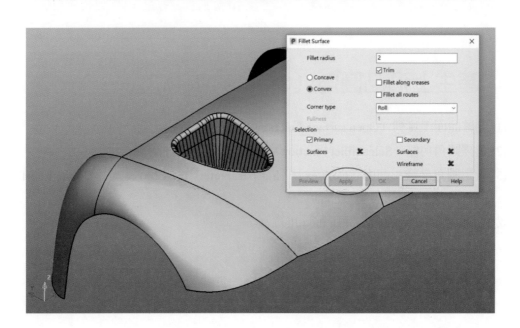

4.8 製作底部平面（Create the flat surface at the bottom）

(1) 開啟圖層 0 以顯示網格模型（Open layer 0 to show the meshes）。

(2) 作動座標 Z（Activate Z coordinate）。

(3) 正視模型（Normal view）。

(4) 開啟曲面工具列（Open surface functions）。

(5) 選擇平面功能（Select flat surface function）。

(6) 改變圖層（Change layer）。

(7) 滑鼠左鍵點擊凹陷底部，產生一平面（Click the bottom to create a flat surface）。

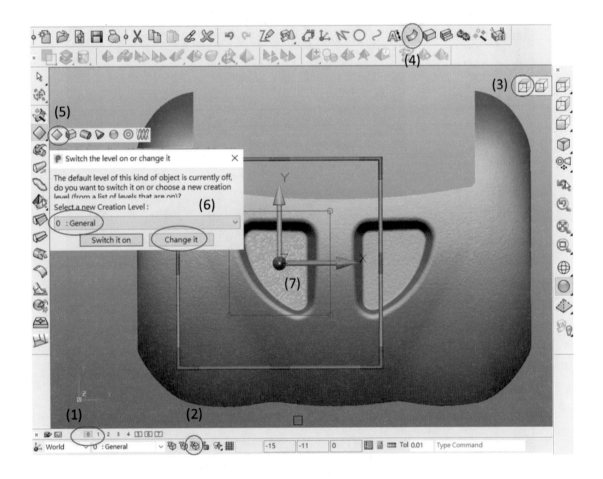

將此平面加入圖層 1 中（Add the flat surface into layer 1）。

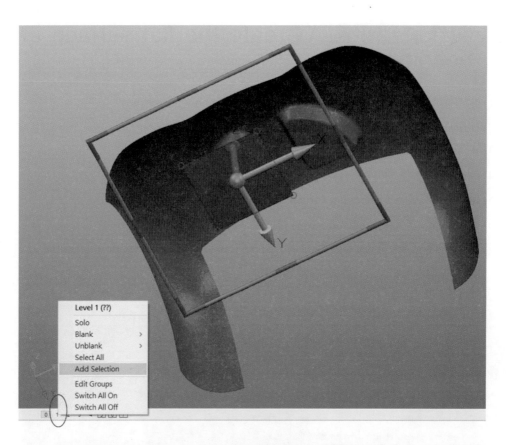

(1) 正視模型（Normal view）。

(2)(3) 滑鼠左鍵按兩下底部平面，設置平面長度和寬度（Double click the flat surface at the bottom to setup the dimension, make sure it is big enough）。

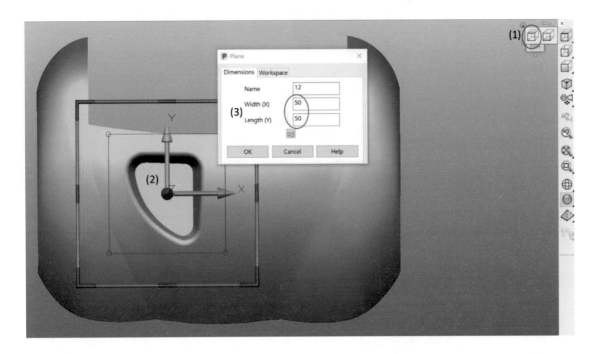

(1) 開啓一般編輯工具列（Open general edit functions）。

(2) 選擇剪裁功能（Select limit function）。

(3) 滑鼠左鍵選擇錐形曲面爲剪裁工具（Click the conical surface at cutting tool）。

(4) 選擇「保持所有」（Keep both）。

(5) 滑鼠左鍵選擇平面完成剪切（Click the flat surface to complete the cut）。

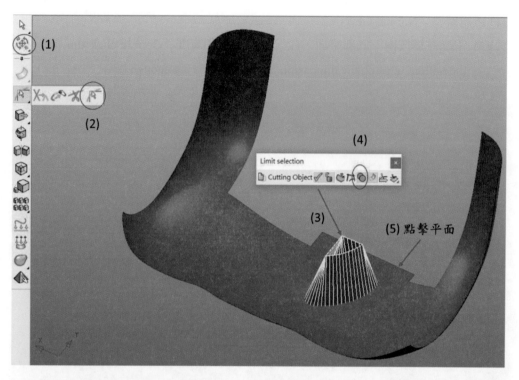

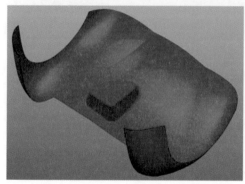
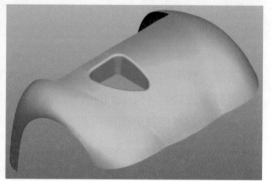

4.9 產生底部凹形圓角（Create the bottom fillet）

(1) 開啟曲面工具列（Open surface functions）。

(2) 選擇圓角功能（Select fillet function）。

(3) 輸入圓角參數：凹形（Concave）（Imput parameters for the Concave fillet）。

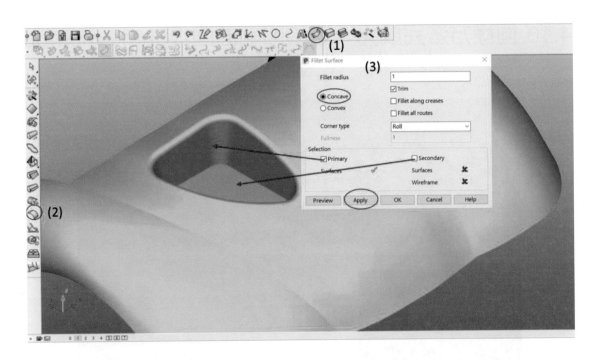

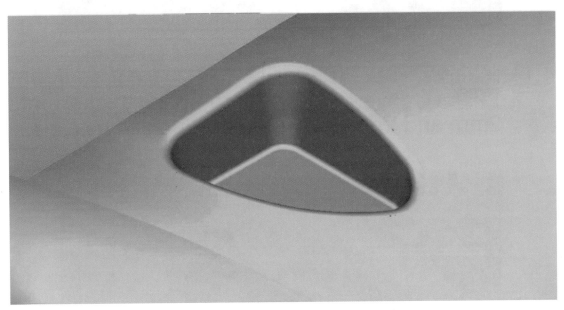

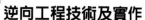

4.10 同樣方法完成另一邊的凹陷曲面（Same method to complete the other side）

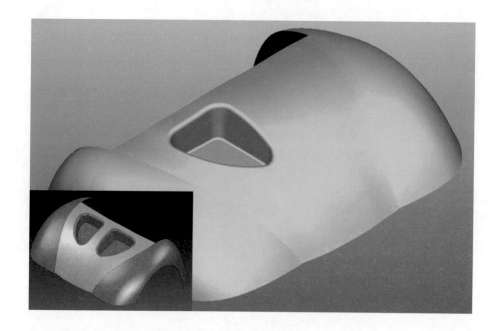

4.11 將曲面轉換成實體，加厚並轉換成 8 節點元素的實體（Convert surface into solid, thicken into 2mm and transform into 8-node solid model）

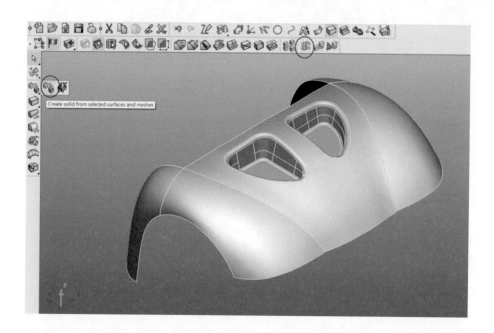

4.12 輸出模型（Export the model）

(1) 檔案 / 輸出（File/Export）。

(2) 選擇將要開啟的 CAD 軟體名稱（Select the name of the CAD software）。

(3) 選擇檔案的格式並完成輸出（Chose the format to export and complete）。

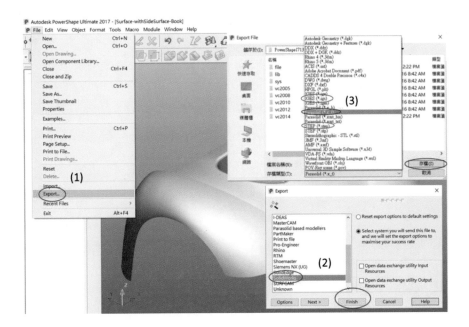

4.13 在 CAD 軟體中開啟模型（Open the model in CAD software）

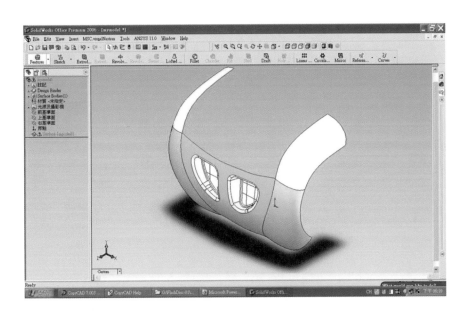

範例三：風扇葉片（Fan blades）

此風扇使用於飛機引擎的整流罩，以馬達為動力。我們首先使用三次元掃描工具對風扇模型進行掃描，取得點雲資料，然後輸入逆向工程軟體進行編輯以及曲面造型。

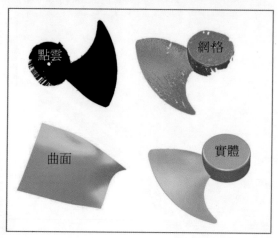

5.1　輸入原始掃描檔案（Import the scanned point cloud）

開啓檔案 M-03-Fan_Start.psmodel，此檔案含有一個 3D 掃描得到的風扇三角網格模型。

5.2　從掃描點雲資料生成三角網格（Create mesh from point cloud）

(1) 點選點雲（Click on the point cloud）。

(2) 產生網格（Generate mesh (10,10)）。

(3) 點擊 OK。

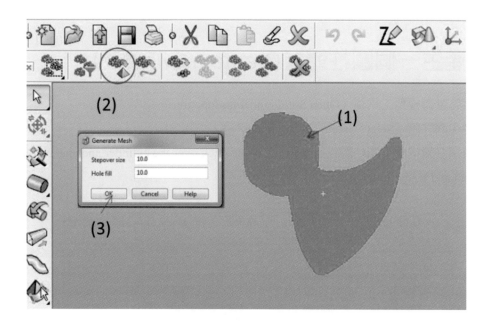

5.3　在原點處產生座標（Create a coordinate at (0, 0, 0)）

(1) 產生座標（Create a coordinate）。

(2) 輸入（0, 0, 0）作爲原點（input (0, 0, 0) for the origin）。

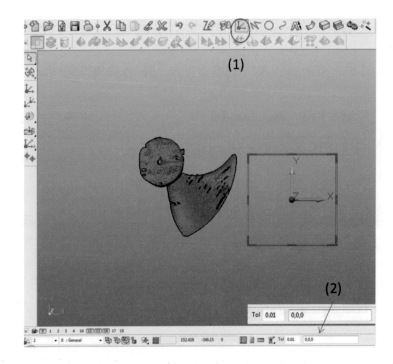

5.4 產生一個圓柱體（Create a cylinder）

(1) 開啟實體模型工具列（Open Solid modeling functions）。

(2) 產生圓柱體（Selet "Create solid cylinder"）。

(3) 滑鼠左鍵按兩下圓柱體設定參數（Double click over the cylinder and change radius to 65 mm and length to 85 mm）。

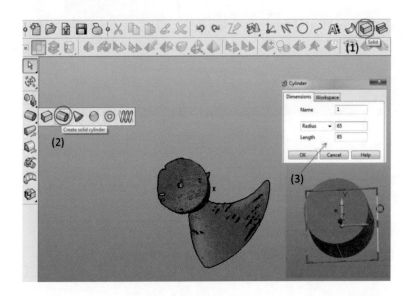

5.5 將網格模型與圓柱定位（Align the fan to the cylinder）

(1) 開啟「一般編輯」工具列（Open general edit functions）。

(2) 選擇定位模型（Select "Align items"）。

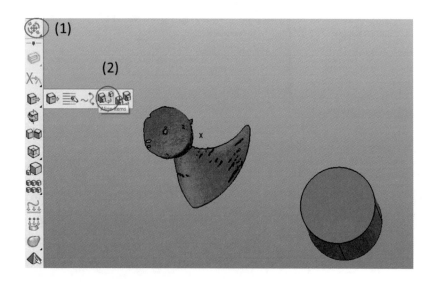

(1) 選擇風扇網格模型為移動（Click the fan）。

(2) 選擇圓柱實體為固定（Click the cylinder as reference）。

(3) 在網格模型上選擇三點（Select 3 points on the fan）。

(4) 在圓柱實體上取相應的三點（Select 3 corresponding points on the cylinder）。

(5) 點擊應用進行計算（Apply to calculate）。

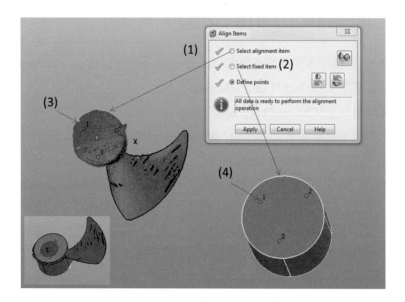

(1) 選擇最佳配合定位（Select Best-fit items）。

(2) 網格模型為移動項，圓柱為固定（Click items to align next click fixed item）。

(3) 應用進行計算（Apply to calculate）。

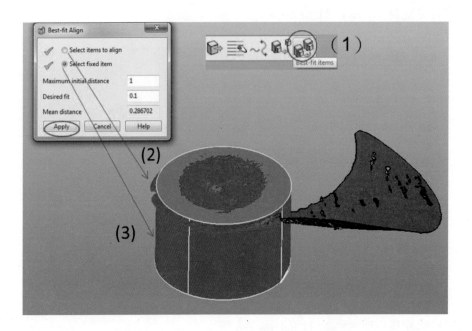

注：為初學者方便，本書所附的檔案已經完成了以上的步驟（The attached file already completed the above steps for your convenience）。

5.6 將網格模型上的葉片部分切割出來（Separate the blade from the hub）

(1) 作動圖層 12 來顯示預先繪製的圓弧（Activate level 12 to show a curve already made）。

(2) 選擇「剪切模型」（Select "Limit selection"）。

(3) 選擇「保持所有」（Choose "keep both"）。

(4) 選擇「工作座標投影模式」（Select "Workplane project mode", Z axis）。

(5) 點擊葉片（Click the mesh of blade）。

請注意 Z 軸必須是處於作動狀態（Please note that the Z axis must be activated）。

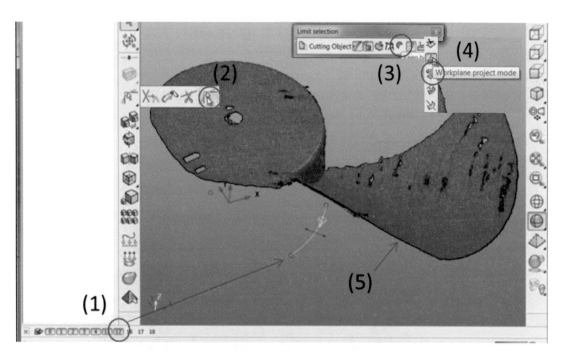

此圓弧也可用以下方式自己繪製，注意要有足夠長度，超出網格模型。

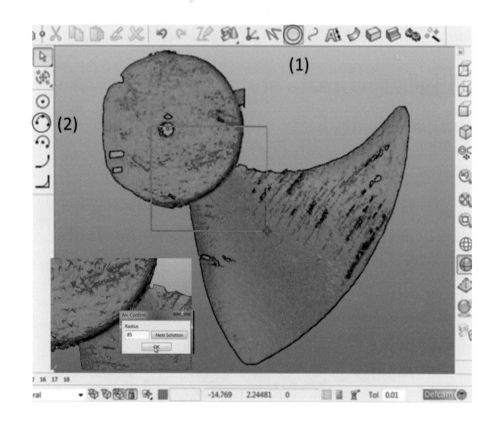

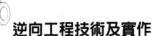

5.7 清理網格模型（Clean the mesh）

(1) 選擇葉片（Click the blade）。

(2) 選擇「分離網格」功能（Select the divide the mesh）。

(3) 選擇多餘／殘餘的網格碎片（Select the obsolute fregments from the mesh）。

(4) 刪除（Delete the pieces）。

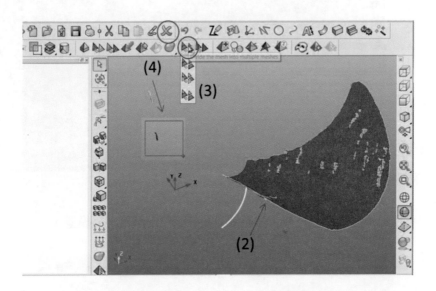

5.8 產生曲面（Create surface）

(1) 選擇葉片網格（Select the mesh）。

(2) 選擇智慧曲面功能（Select surface and Smart surface）。

(3) 計算（OK to calculate）。

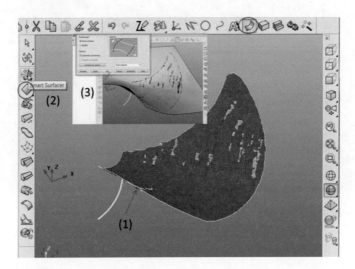

5.9　曲面轉換成實體厚面（Convert surface into solid）

(4) 開啟實體工具列（Open solid functions）。

(5) 將曲面轉換成實體（Convert the surface into solid）。

(6) 開啟特徵工具列（Open feature functions）。

(7) 選擇厚面功能（2 mm）（Thicken solid, thicken the blade into 2 mm）。

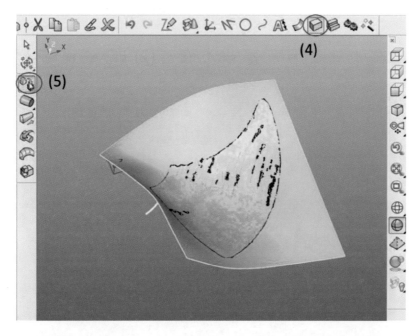

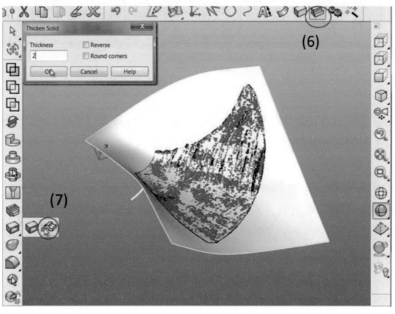

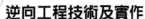
5.10 以葉片邊界曲線產生伸展曲面 （Create extrusion surface with bordering curve）

(1) 作動圖層 17 顯示預先繪製的曲線 （Active level 17 to show the curve）。

(2) 開啓曲面工具列 （Open surface functions）。

(3) 選擇伸長曲面功能，使柱狀曲面具有足夠高度 （160 mm） 以作爲切割工具 （Select Extrusion surface with the outline curve of the blade, and make sure it is long enough）。

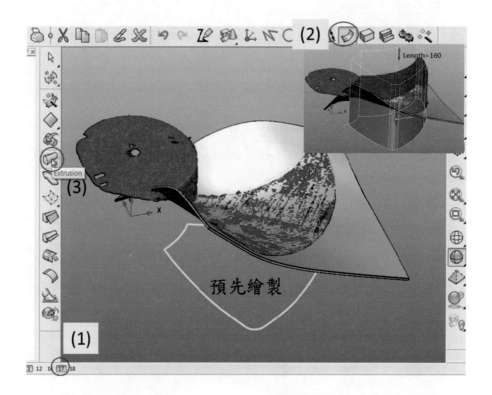

5.11 用伸展曲面來切割實體葉片 （Trim the blade with the extrusion surface）

(1) 開啓特徵工具列 （Open Feature functions）。

(2) 選擇佈林運算中交集功能 （Select the intersect the selected solid, surface）。

(3) 點擊葉片爲主項，曲面爲副項，完成切割 （Select blade as primary and the trimming surface as secondary to complete the cut）。

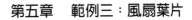

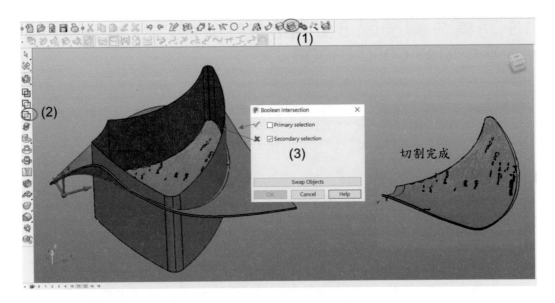

5.12 對葉片邊緣進行圓角（Create Fillet for the edge of blade）

(1) 選擇特徵工具列（Open "Features" functions）。

(2) 選擇「圓角」功能（Select "fillet" function）。

(3) 點選所有需要圓角的邊緣（Click to add Adjacent and lines on blade）。

(4) 輸入半徑 1 mm（Input 1 mm for radius and apply to complete）。

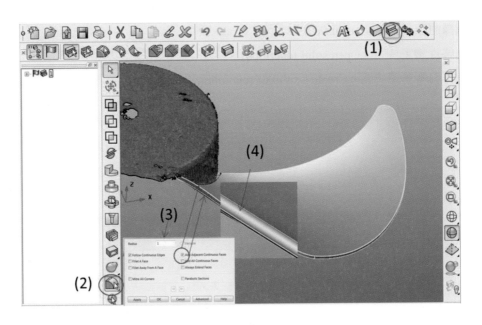

5.13 將葉片轉換成 8 節點的實體模型（Convert into 8-nodes solid model）

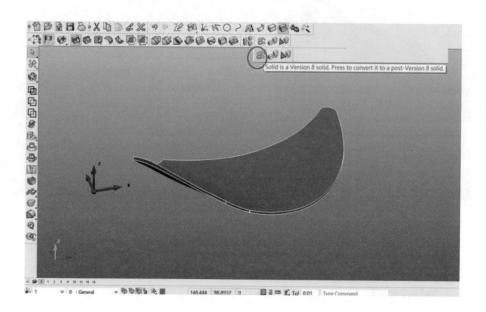

5.14 產生輪轂（Create the hub）

(1) 作動圖層 16 以顯示預先繪製的曲線（Activate level 16 where the curves for this practice already exists）。

(2) 選擇曲線（Select the curve）。

(3) 開啓實體工具列（Open solid functions）。

(4) 選擇旋轉實體功能（Create a solid of revolution）。

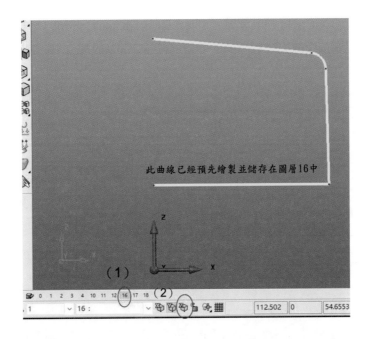

此曲線已經預先繪製並儲存在圖層16中

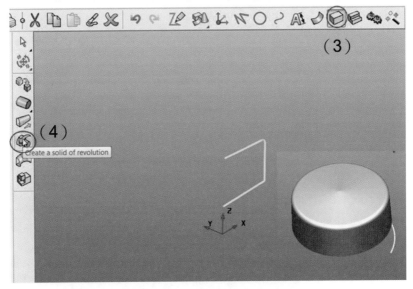

·輪廓曲線畫法（**Method of cross section curve for the hub**）

讀者也可以根據以下步驟自行繪製輪廓曲線（You can draw the curve as the following）：

(1) 點選葉片並 Ctrl+J 將其隱藏（Click on blade and Control-J to hide）。

(2) 滑鼠右鍵開啟「動態截面」功能（Right click on outside: Dynamic Sectioning）。

(3) 選擇 Y 軸（Axis – Y, Click on y coordinabte）。

(4) 點擊「產生剖面線」（Create wireframe of selected item 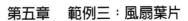）。

(5) 選擇網格模型並 Ctrl+J 將其隱藏（Select the mesh and Control-J to hide）。

(6) 現在可以根據剖面線來繪製合適的曲線（Now you can draw curves for the hub）。

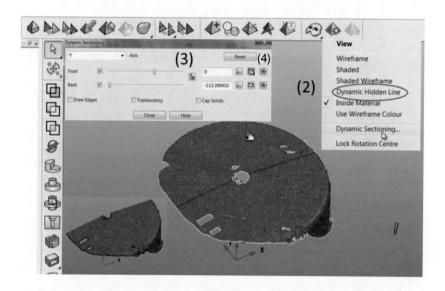

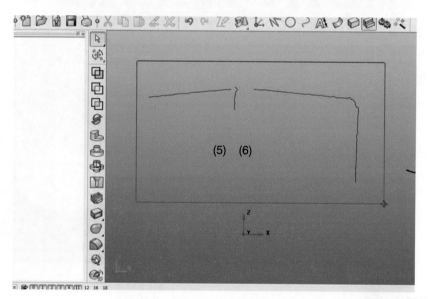

5.15 輪轂上進行材料切除（Make a cut in the hub）

(1) 作動圖層 18 顯示預先繪製的曲線（Activate layer 18 to show the premade curve）。

(2) 開啓實體工具列（Open solid functions）。

(3) 選擇拉伸長出（Select extrusion）。

(4) 輸入參數（Input length）。

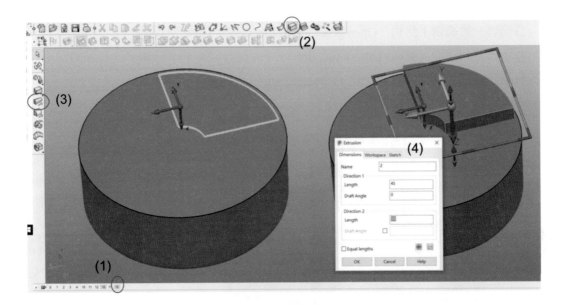

(1) 開啓特徵工具列（Open feature functions）。

(2) 選擇佈林運算減法功能（Select subtraction）。

(3) 點選主項和副項，完成材料切除（Select the hub as primary and the extrusion as secondary, OK to complete the cutting）。

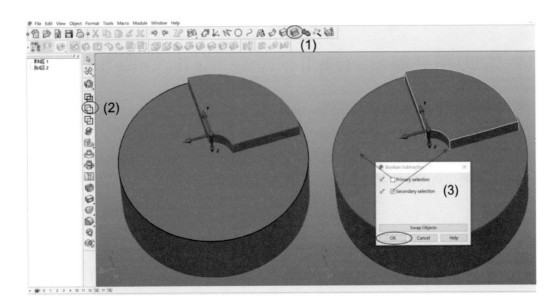

5.16 環狀陣列（Create pattern of the cut）

(1) 選擇剛剛切除的特徵（Select the cut just made）。

(2) 開啓一般編輯工具列（Open general edit functions）。

(3) 選擇陣列功能（Select pattern function）。

(4) 環狀陣列並輸入參數，完成（Circular pattern to complete）。

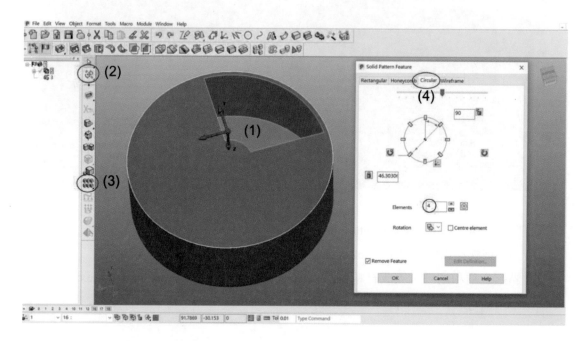

5.17 中心鑽制軸孔（Drill a hole for the shaft）

(1) 開啓特徵工具列（Open feature functions）。

(2) 選擇鑽孔功能（Select drilling function）。

(3) 設定鑽孔參數（Set parameters including the chamfer）。

(4) 設定鑽孔倒角參數，完成（Apply and complete）。

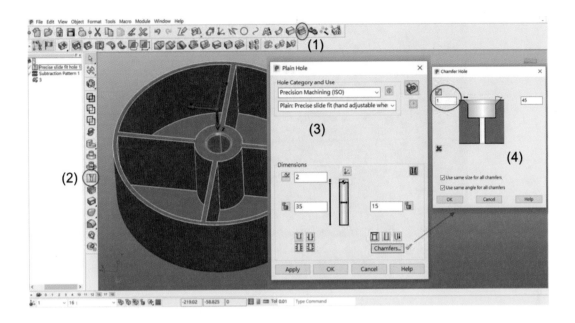

5.18 葉片環狀陣列（Pattern for the blades）

(1) 作動葉片實體（Activate the blade）。

(2) 環狀陣列（Circular pattern）。

注意：在編輯實體動作以前，必須先確認該實體部分已經作動（Whenever you want to edit solid, make sure the feature is activated）。

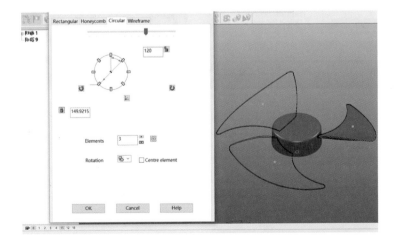

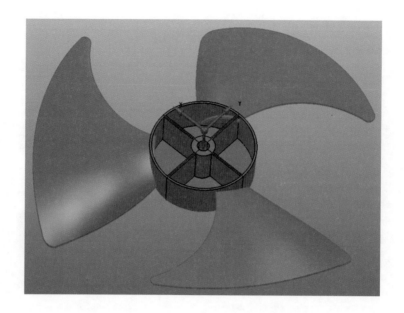

5.19 輸出 CAD 檔（Export into CAD format）

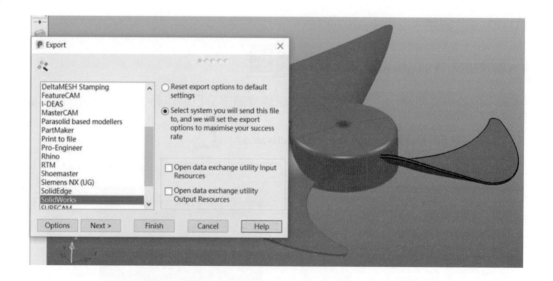

5.20 在 CAD 軟體中開啓（Open the model in CAD program）

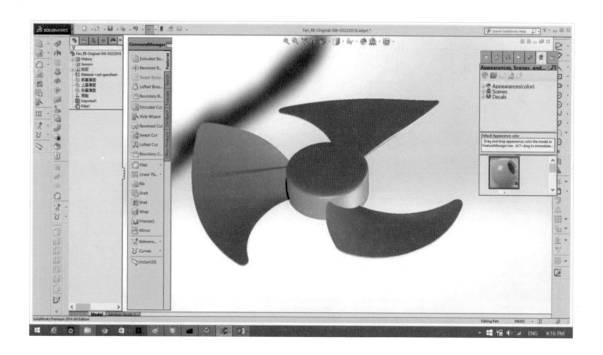

範例四：把手模型（Handle）

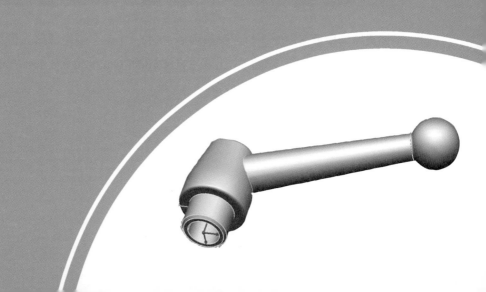

6.1 輸入原始掃描檔案（Input original model）

開啓 M-04-HandleStart.psmodel，此檔案含有一個 3D 掃描得到的點雲以及相應的三角網格模型。

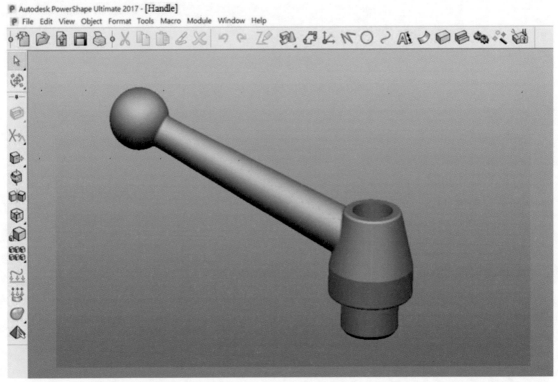

如果原始模型爲點雲資料或網格模型（STL），就必須從「輸入模型」開啓。

（If the model is in point cloud or STL format, you need use import model the insert into the software, as shown in the following.）

6.2　建立座標（Create work coordinate）

(1) 網格塗色功能（Paint Triangles）。

(2) 選擇顏色（Choose color）。

(3) 選擇附近水平網格功能（To local horizon angle）。

(4) 輸入角度為 0，並點擊需要變色的區域（Set angle=0 and click the area）。

(5) 選擇「依顏色分割網格」功能（Divide the mesh into multiple meshes by color）。

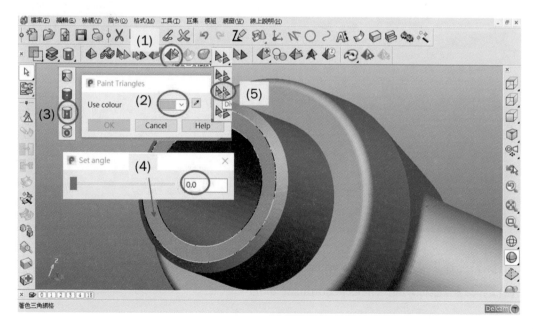

這時候圓形已經和主體分割開來了（Now the ring is separated from the body）。

(1) 選擇主體網格（Select the body）。

(2) Ctrl+J 隱藏主體網格，僅顯示圓形環（Ctrl+J to hide the body）。

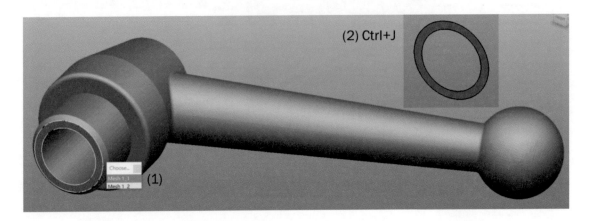

(1) 正面視圖（Normal view）。

(2) 繪製圓工具列（Open circle/arc functions）。

(3) 三點圓功能（Select 3-point arc）。

(4) 在圓環邊上繪製三點圓（Draw an arc on the edge of the circle）。

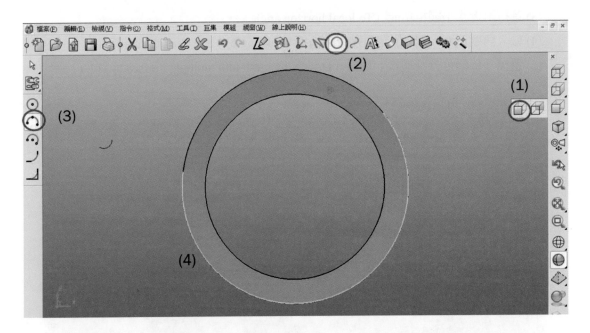

(1) 開啟座標工具列（Open coordinate functions）。

(2) 選擇建立座標功能（Select coordinate tool）。

(3) 點擊三點圓的圓心建立座標（Click the center of the arc for the coordinate）。

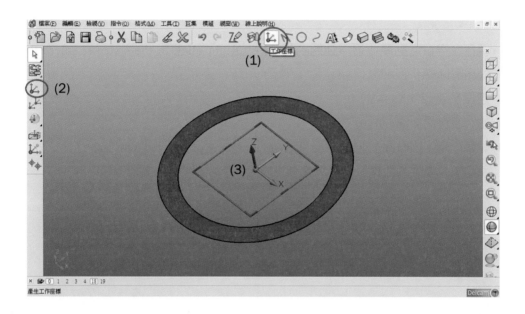

Ctrl+L 顯示全部網格模型（Ctrl+L to show all the models）。

若需要可以下列步驟旋轉模型以方便檢視：

(1) 開啓一般編輯工具列。

(2) 選擇旋轉模型功能。

(3) 輸入欲旋轉角度（-90）。

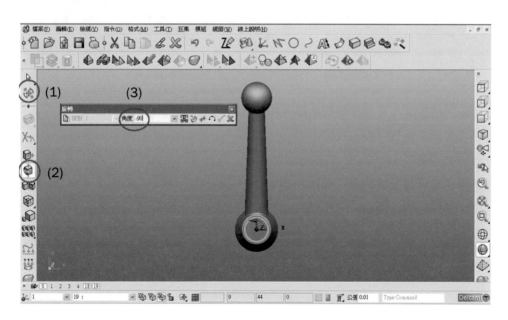

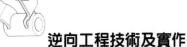

6.3 產生剖面線及旋轉曲面（Create cross sectional curves and rotational surface）

(1) 滑鼠在空白處點擊並選擇動態剖面功能（Right click in the space & select Dynamic Sectioning）。

(2) 選擇 Y 座標（Axis-Y）。

(3) 輸入座標值 0（input (0)）。

(4) 點擊「產生剖面線」（Click the "Create wireframe of selected item" icon）。

每點擊「產生剖面線」一次就會產生一組，所以請特別注意。

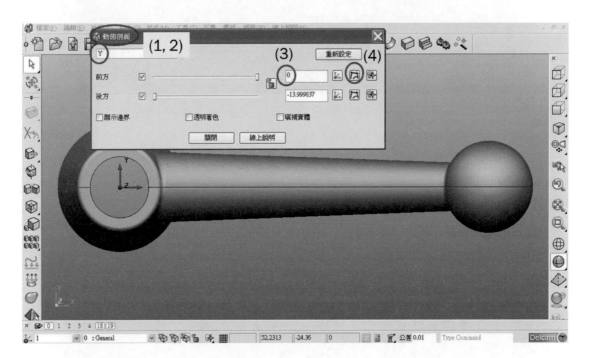

(1) 隱藏網格模型，並選擇輪廓曲線（Hide the mesh and click the curve）。

(2) 開啓曲面工具列（Surface）。

(3) 作動 Z 座標（Activate Z coordinate）。

(4) 選擇「旋轉曲面」功能（Surface of revolution）。

(5) 完成動作（Complete）。

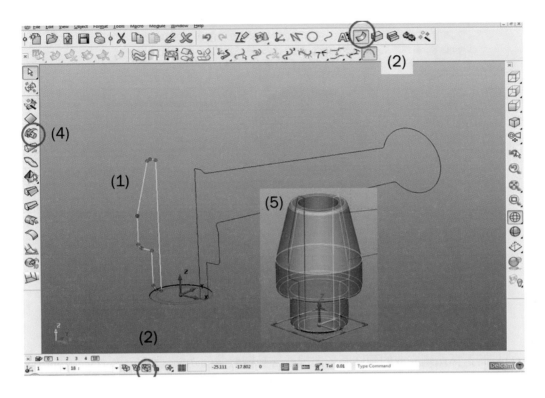

6.4 產生綜合邊界曲線以及平面圓環（Create Composite Curve and the ring）

(1) 開啟曲線工具列（Click the curve）。

(2) 選擇綜合邊界曲線功能（Create composite curve）。

(3) 選擇邊界並連續跟蹤直至圓滿（Select the small circle）。

(4) 點擊儲存鍵完成一個圓形曲線（Save to complete one curve）。

(5) 以同樣步驟再畫一個邊界圓（Same steps to make another curve）。

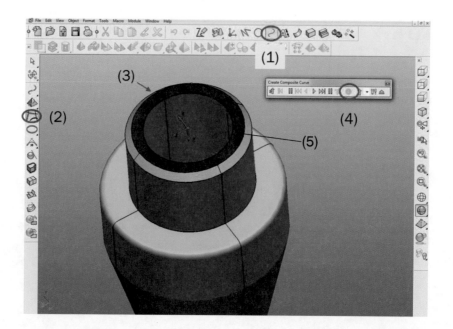

(1) 同時選擇剛剛完成的兩條圓形曲線並啟動智慧曲面功能（Smart Surface from the two circular curves）。

(2) 選擇合適的曲面演算法（Select proper method of surfacing）。

(3) 套用並完成曲面（Apply and complete）。

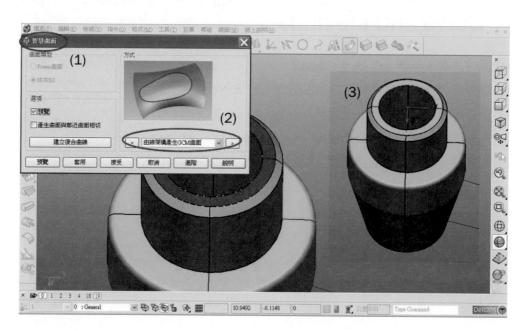

6.5 將所有曲面暫存某一圖層（Select all surfaces into one layer）

(1) 選擇所有曲面（Select all surfaces）。

(2) 開啓圖層 20，並將曲面加入（Open Level 20 and save the surfaces into it）。

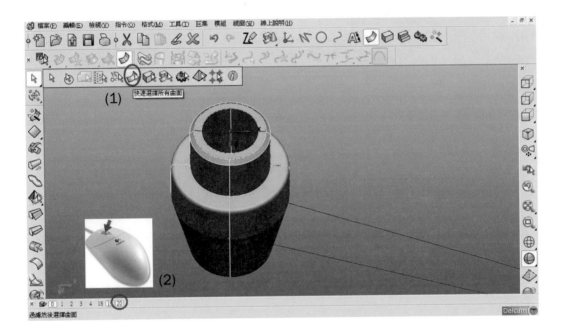

6.6 建立球面部分的中心座標（Create a coordinate for the sphere part）

(1) 開啓座標工具列（Open workplane functions）。

(2) 以三點建立座標（Workplane from three points）。

(3) 依次選擇原點以及參考點／線（Click points as shown in the picture）。

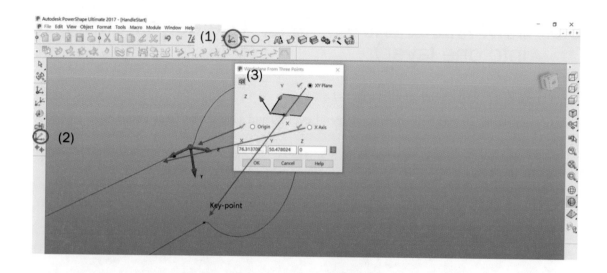

6.7 繪製輔助直線（Draw a straight line）

(1) 開啓直線工具列（Open Line functions）。

(2) 選擇單線功能（Choose single line）。

(3) 自座標原點繪製直線至關鍵點（Connecting the key-points for the line）。

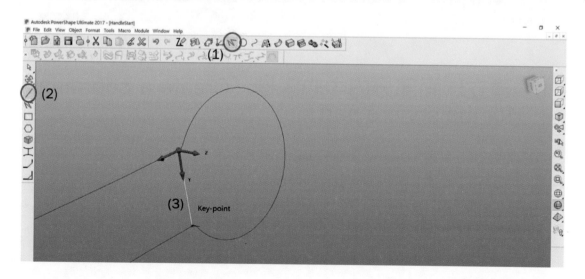

(1) 滑鼠左鍵按兩下線段取得編輯對話方塊（Double click the Line to get line editor）。

(2) 修改線段長度爲原長的一半（Lenght (ex: 10.614549/2)）。

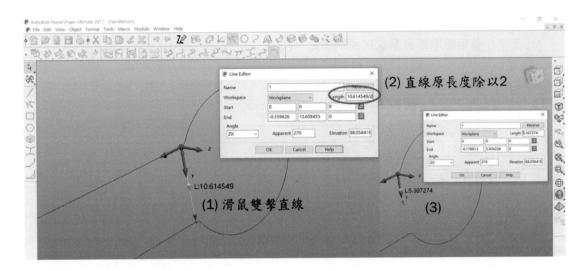

(2) 直線原長度除以2

(1) 滑鼠雙擊直線

(3)

(1) 正面視圖（Normal view）。

(2) 開啓直線工具列（Open line functions）。

(3) 選擇直線工具（Select line function）。

(4) 自剛剛繪製的垂直線端點繪製一水平線（Draw a horizontal line from the tip of the vertical line）。

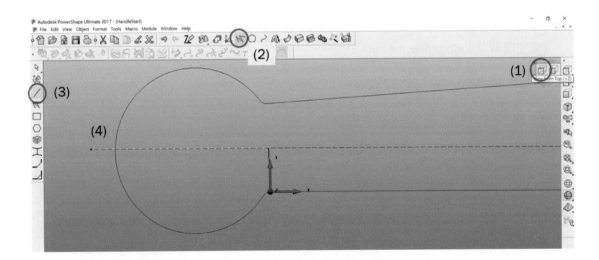

6.8 剪裁線段（Trim the curves）

(1) 開啓一般編輯工具列（Open general edit functions）。

(2) 選擇圓弧（Select the curve）。

(3) 選擇三點剪裁工具（Choose three point limit）。

(4) 滑鼠左鍵點擊座標原點處形成切斷點（Click the origin to make the separation）。

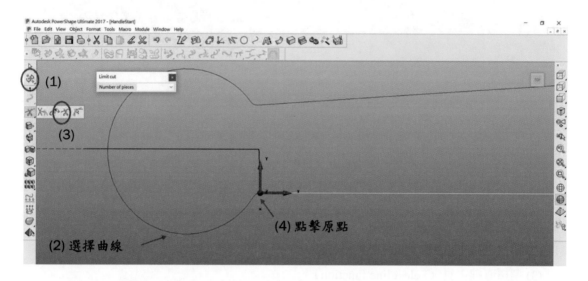

(1) 開啓一般編輯工具列（Open general edit functions）。

(2) 選擇直線作為剪切工具（Click the line）。

(3) 選擇剪裁功能（Choose limit selection function）。

(4) 點擊圓弧曲線上半部分（Click the top portion of the curve）。

(5) 完成剪裁（Complete the cut）。

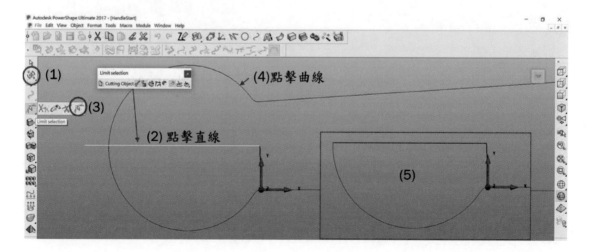

為顯示明確起見，讀者也可以將相關曲線改變顏色如下（You can change the color）：

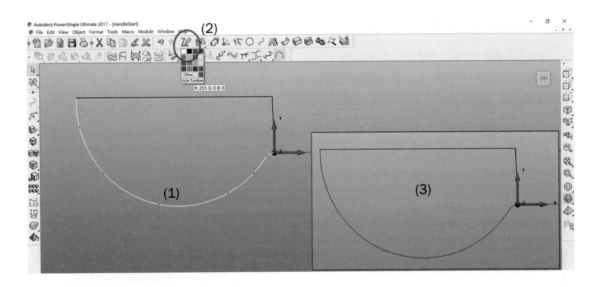

6.9　移動座標至中點（Move the coordinate）

　　滑鼠左鍵按住座標原點，拖曳移動至端點（Select and drag the coordinate to the tip of the vertical line）。

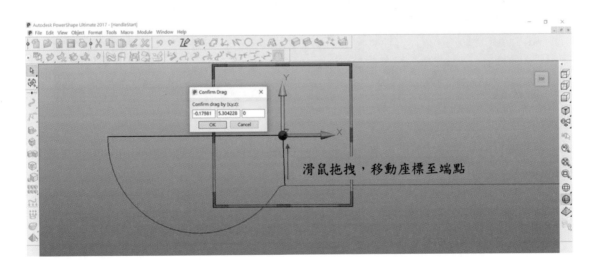

滑鼠拖曳，移動座標至端點

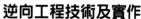

6.10 產生球形曲面並儲存於曲面圖層（Create spherical surface）

(1) 選擇圓形曲線（Select the arc）。

(2) 開啟曲面工具列（Open surface functions）。

(3) 選擇旋轉曲面，注意一定要作動合適軸向座標（Select revolve surface function, make sure to activate corresponding axis for the revolve surface）。

(4) 選擇已經成型的曲面（Select the surface）。

(5) 將其儲存於曲面圖層中（Save it into the layer of surface group）。

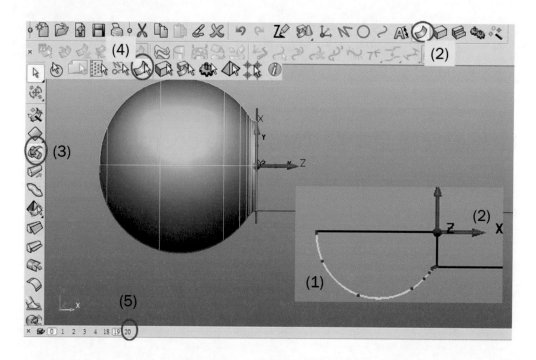

若需要可以以下方法將曲面反向（If necessary reverse surface normal orientation as the following）。

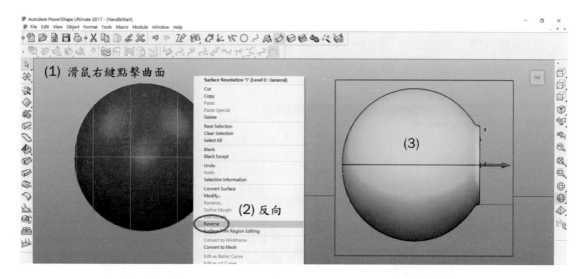

6.11 產生錐杆部分的剖面線

(1) 開啓圖層 0，顯示網格模型，並作動座標 1（Open layer 0 and activate coordinate 1）。

(2) 正面視圖（Normal view）。

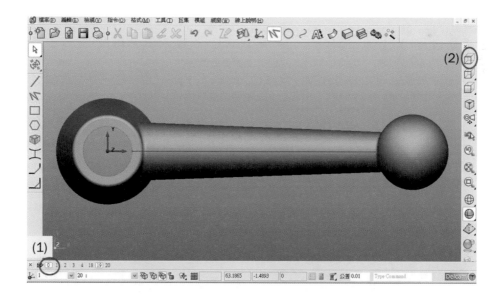

(1) 空白處滑鼠右鍵，選擇動態剖面功能，並選擇長度方向的坐標軸（Select dynamic section, and activate the coordinate in the length of the body（X here））。

(2) 輸入剖面位置 15 mm（Input 15 mm）。

(3) 點擊「產生剖面線」(Click "create cross section curve" icon)。

(4) 重複步驟 2 到步驟 3，在 35、 50、 70 處分別再獲取三條剖面線（Repeat(2) and(3) to create curves at X= 35, 50 and 70）。

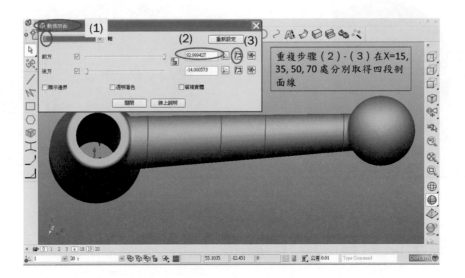

(1) 框選曲線（Select all circular curves）。

(2) 重新分佈為均勻的 15 點（Redistribute the points (15 points for each curve)）。

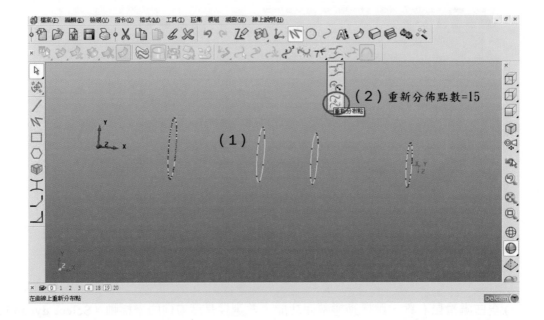

6.12 產生圓錐曲面（Create the conical surface）

(1) 開啓曲面工具列（Open surface functions）。

(2) 選擇智慧曲面功能（Select smart surface function）。

(3) 選擇合適的曲面成型方法並完成（Select proper method to complete）。

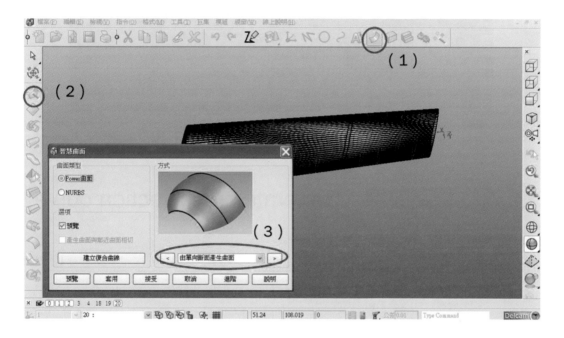

6.13 長度方向延伸曲面（Extend the conical surface）

(1) 開啓一般編輯工具列（Open general edit functions）。

(2) 選擇延伸功能（Select extension tool）。

(3) 按下滑鼠右鍵拖曳曲線邊緣至所需要的位置（Drag the end of the surface to proper location）。

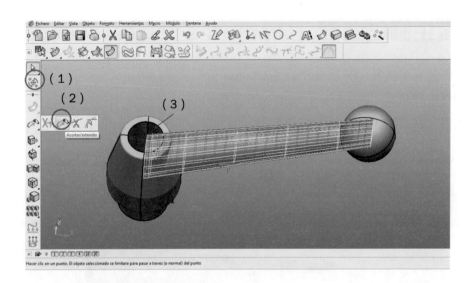

6.14 產生相交曲線（Generate cross section curve）

(1) 開啟曲線功能（Open curve functions）。

(2) 剖面曲線（Select cross section curve function）。

(3) 選擇曲面（Click the conical surface as primary and the other as secondary）。

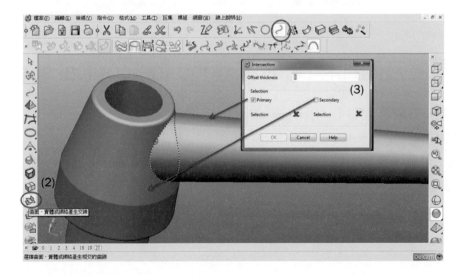

6.15 裁剪曲面（Trim the surface）

(1) 選擇剛剛產生的相交曲線（Select the cross sectional curve）。

(2) 選擇裁剪功能（Select trim function）。

(3) 滑鼠左鍵點擊圓錐曲面（Click the conical surface）。

(4) 選擇下一個（若需要的話），完成剪裁（Click next to complete the cut）。

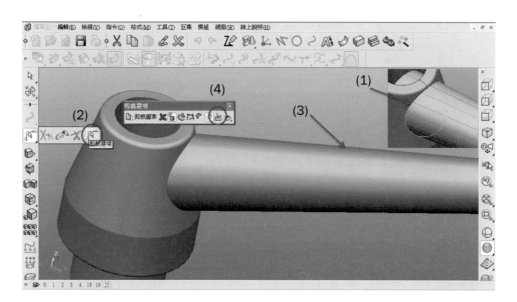

以相同方法裁剪另一段的曲面（Use the same way to trim the other side）。

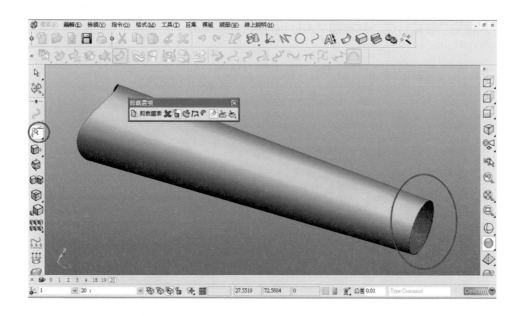

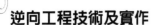

6.16 將曲面轉換成實體（Convert the surfaces into solid）

(1) 選擇所有曲面（Choose select all surface）。

(2) 開啟實體工具列（Open Solid tool bars）。

(3) 從所選網格或曲面產生實體（Create solid from selected surfaces or meshes）。

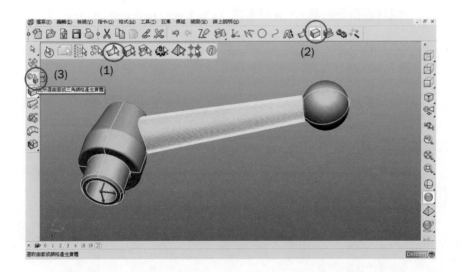

6.17 結合成為同一個實體（Join solids into one body）

(1) 選擇所有實體（Choose select all solids）。

(2) 開啟特徵工具列（Features）。

(3) 以聯集功能結合成一個實體（Add the selected solid）。

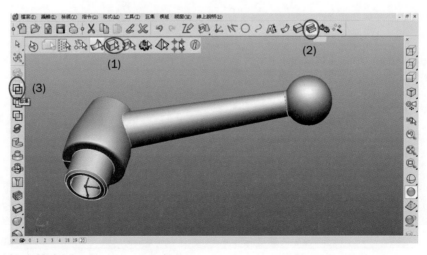

儲存並輸出檔案（Save and export）。

範例五：水龍頭模型
（Shower head）

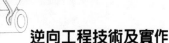

7.1 輸入原始掃描檔案並編輯修補模型

開啓檔案 M-05-ShowerHead_Start.psmodel，此檔案含有一個 3D 掃描得到的點雲，以及相應的三角網格。

檔案名稱(N):	M-05-ShowerHead_Start.psmodel ▼	開啟舊檔(O)
檔案類型(T):	支援所有模型 (*.psmodel;*.shoe;*.zip) ▼	取消

(1) 在視窗左下角，打開圖層「0」（其他圖層均保持關閉）。

(2) 選擇工具列中選擇三角網格。

7.2 建立模型重心點座標（Create a work coordinate）

1. 開啓座標工具列（Open coordinate functions）。

2. 選擇物件中心點座標（Select center point）。

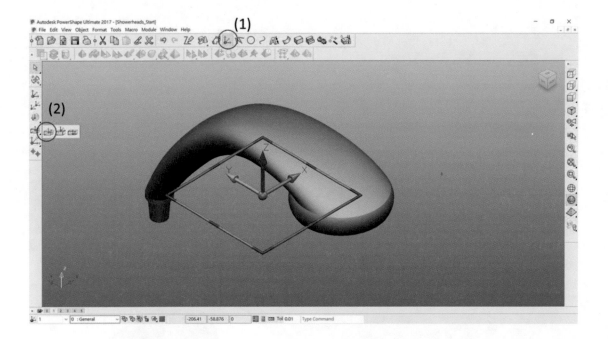

7.3 生成必要的剖面曲線（Create cross section curves）

(1) 在空白處點擊滑鼠右鍵，選擇動態剖面（Right click on outside: Dynamic Sectioning）。

(2) 選擇 X 座標（Axis-X）。

(3) 輸入座標值 0（Front -0）。

(4) 點擊產生剖面線按鈕（Create wireframe of selected item）。

(5) OK 完成動作（OK to complete）。

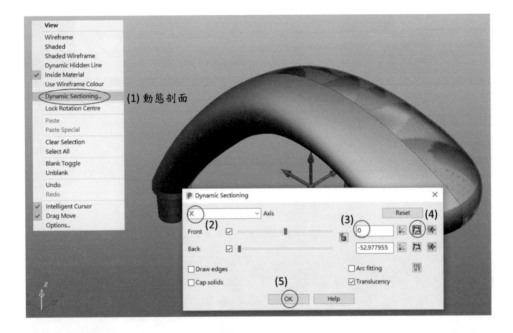

(1) 在空白處點擊滑鼠右鍵，選擇動態剖面（Right click on outside: Dynamic Sectioning）。

(2) 選擇圍繞 -X 座標（Arround-X）。

(3) 輸入角度值 0（Input angle 0）。

(4) 點擊產生剖面線按鈕（Create wireframe of selected item）。

(5) 重複步驟 3 到步驟 4，在 60、 90、 120 度各產生相應的剖面線（Repeat(3)-(4) create cross section curves at 60,90 and 120 degrees）。

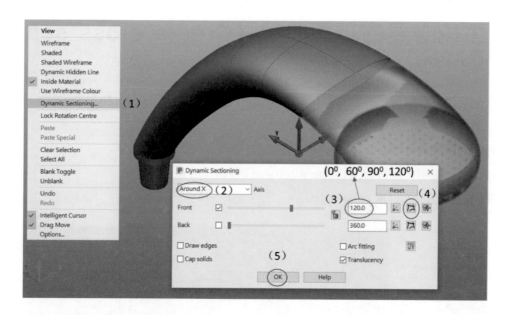

(1) 開啟直線工具列（Open line functions）。

(2) 選擇直線功能（Select single line）。

(3) 作動 X 座標（Activate X coordinate）。

(4) 繪製一條直線（Draw the line）。

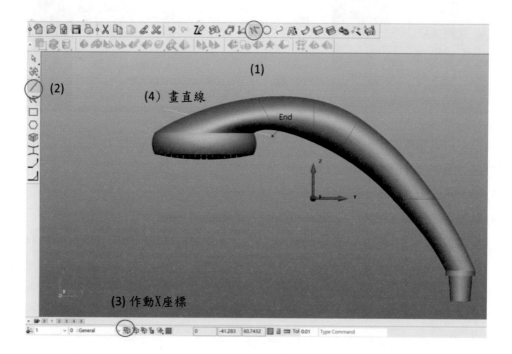

(1) 開啓曲面工具列（Open surface functions）。

(2) 選擇剛剛繪製的直線（Select the line just draw）。

(3) 選擇拉伸曲面功能（Select extrusion）。

(4) 按兩下剛剛產生的平面引出參數設定對話方塊（Double click the surface to modify parameters）。

(5) 輸入平面參數雙向各 100 mm（Input 100 mm for both directions）。

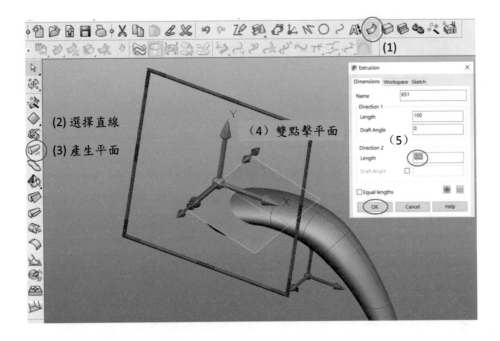

(1) 開啓曲線工具列（Open curve functions）。

(2) 選擇相交曲線功能（Select adjacent curve function）。

(3) 點選平面，然後網格模型產生相交曲線，即我們需要的剖面線（Click the flat surface as primary and the mesh as secondary, to get the curve）。

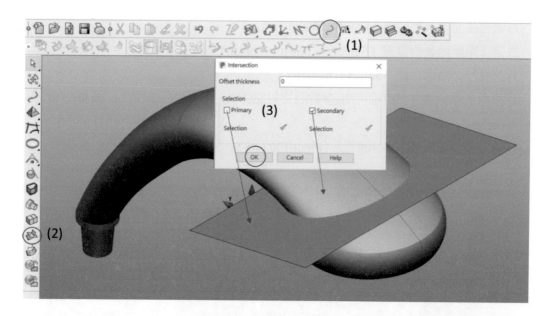

選擇網格模型並且 Ctrl+J 將其隱藏。然後刪除剖面線內圈部分，至此完成了我們所有需要的剖面曲線（Select the mesh and Ctrl+J to hide. Then delete the inner curve for every cross sectional curves. Now we have all the cross sectional curves we need）。

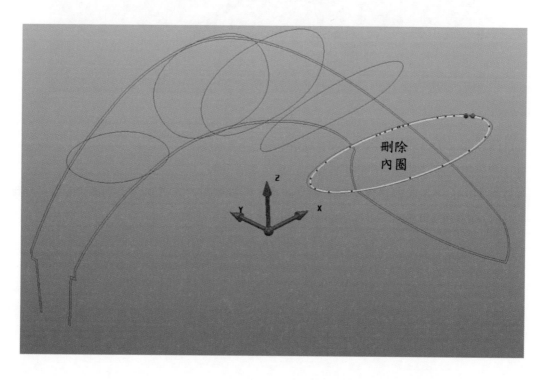

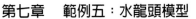

7.4 產生噴頭旋轉曲面（Create rotational surface of the head）

(1) 開啓座標工具列（Workplane）。

(2) 選擇建立單一座標功能（Choose a single workplane）。

(3) 作動 X 座標（"X" coordinate）。

(4) 開啓位置設定對話方塊（Open the position dialog）。

(5) 選擇「在之間」以及 YZ 平面（Click "between" and YZ plane）。

(6) 選擇兩個端點（Select the two key-points shown in the picture）。

(7) 點擊 OK 完成動作（Click OK）。

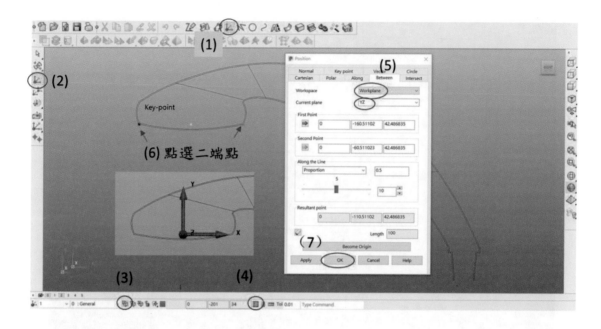

(1) 開啟直線工具列（Open line functions）。

(2) 選擇繪製直線功能（Select single line function）。

(3) 自座標原點往下繪製一條直線（Draw a vertical line from the origin）。

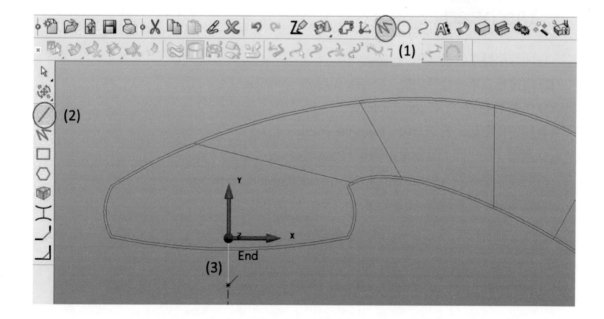

(1) 開啓一般編輯工具列（Open general edit functions）。

(2) 選擇修剪功能（Select trim function）。

(3) 選擇需要修剪的曲線（Select the curve）。

(4) 點擊所需切斷的點（Click the point to be cut）。

(5) 再點擊所需切斷的另一點（Click another point to be cut）。

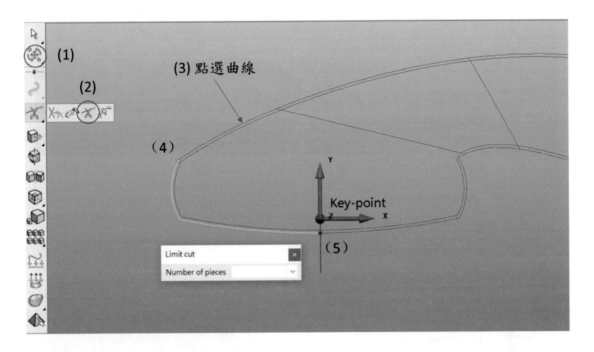

(1) 開啓曲面工具列（Open surface functions）。

(2) 選擇曲線（Select the curve）。

(3) 作動 Y 座標爲旋轉中心軸（Activate the Y axis for rotation）。

(4) 選擇旋轉曲面功能（Select revolving surfacing）。

(5) 完成旋轉曲面（Complete the surface）。

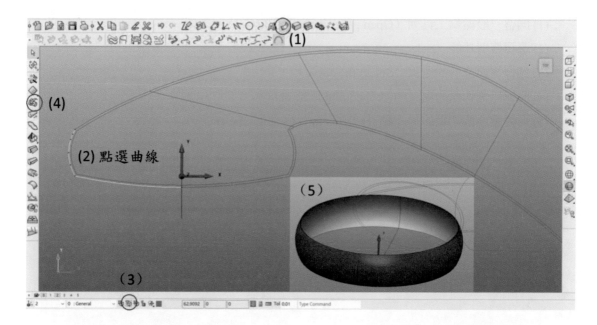

必要的話，可以將曲面反向（If necessary, the surface normal can be reversed）：

(1) 在旋轉曲面附近滑鼠右鍵（Right click near the surface）。

(2) 選擇「反向」（Select "Reverse" function）。

(3) 完成曲面反向（Complete the reverse）。

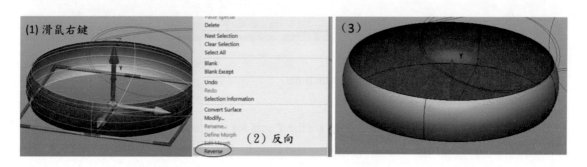

7.5 產生聯接管處旋轉曲面（Create rotational surface for pipe connection）

(1) 同上方法在聯接管處建立座標（Create a work coordinate as above）。

(2) 開啟一般編輯工具列（Open general edit functions）。

(3) 選擇剪切功能（Select trim function）。

(4) 選擇需要剪切的曲線（Select the curve to be cut）。

(5) 點擊切斷點（Click the point to be cut）。

(6) 點擊另一切中斷點，完成動作（Click another point to complete）。

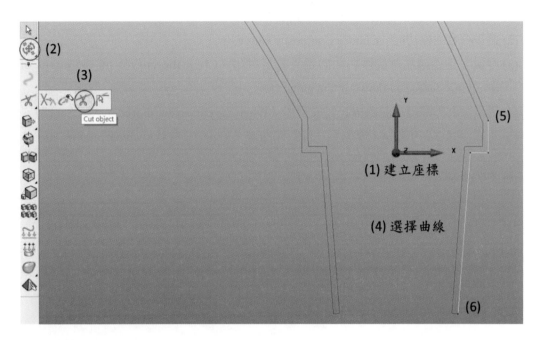

(1) 開啓曲面工具列（Open surface functions）。

(2) 作動 Y 座標（Activate Y coordinate）。

(3) 選擇成型曲線線段（Click the lines）。

(4) 選擇旋轉曲面功能（Choose the revolve surfacing）。

(5) 完成動作（Complete）。

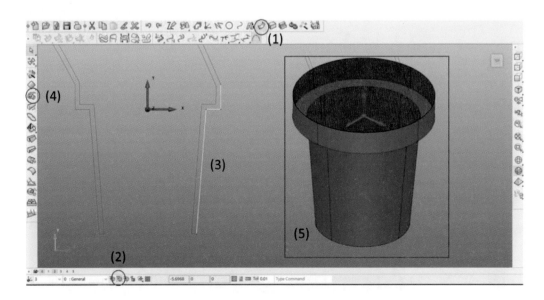

7.6 產生邊界綜合曲線（Create composite curve）

(1) 開啓曲線工具列（Open curve functions）。

(2) 選擇綜合曲線功能（Choose Composite Curve）。

(3) 滑鼠左鍵連續點選旋轉曲面的邊界直至封閉（Click the curves on the edges of the revolving surface as shown in the picture）。

(4) 滑鼠左鍵點擊儲存曲線按鈕完成動作（When the curves are closed, press "Save"）。

(5) 重複步驟 2 到步驟 4，產生另一條封閉曲線（Repeat(2)-(4) to create another curve）。

選擇旋轉曲面並將它們全部儲存至圖層 1 之中，畫面上僅顯示所需曲線（Select the revolving surfaces just made and save them into layer 1. Now only the curves are on the screen）。

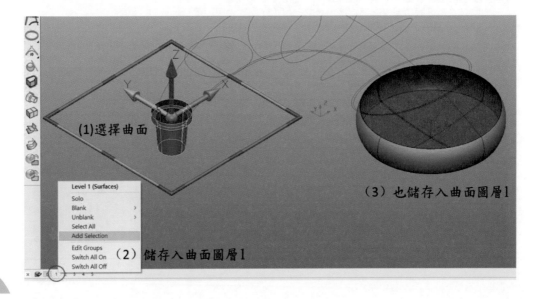

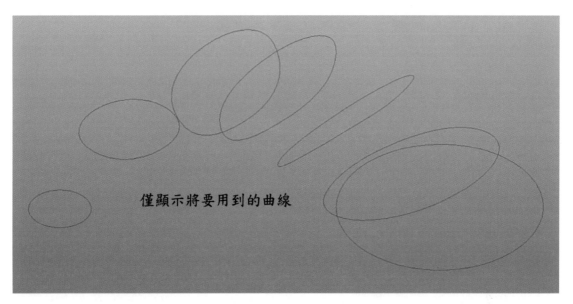

僅顯示將要用到的曲線

7.7 重新分佈曲線上的節點（Redistribute the points on the curves）

(1) 點選曲線，曲線編輯工具列出現（Click the curve）。

(2) 選擇重新分佈點功能（Choose Repoint Curve function）。

(3) 輸入節點數 18（Input number of points 18）。

(4) 預覽後點擊應用完成動作（Preview and apply to complete）。

(5) 重複步驟 1 到步驟 4，對所有的曲線完成節點分佈作業（Repeat(1) to(4) for all the curves）。

實際上，可以選擇所有相關的曲線，然後一併完成重新分佈點動作（In fact, you can select all the curves and do the redistribution together）。

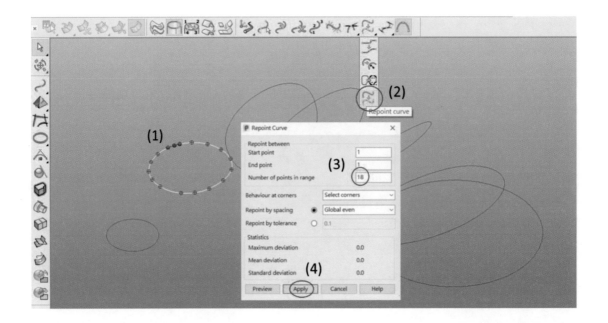

7.8 產生曲面（Create surface）

(1) 開啓曲面工具列（Open surface functions）。

(2) 選擇所有曲線（Select all curves）。

(3) 選擇智慧曲面功能（Chose smart surface function）。

(4) 選擇最合適的曲面成型方法並完成動作（Find nest surfacing method and complete）。

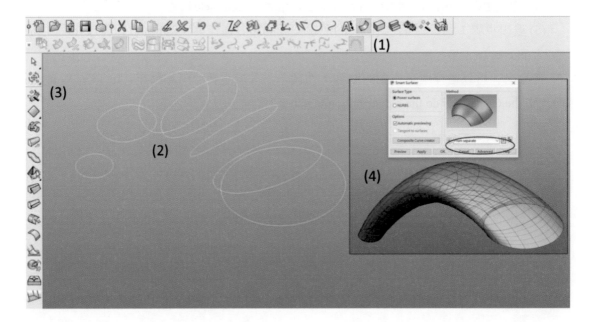

(1) 選擇曲面（Select the surface）。

(2) 將曲面儲存在圖層 1 之中（Save it into layer 1）。

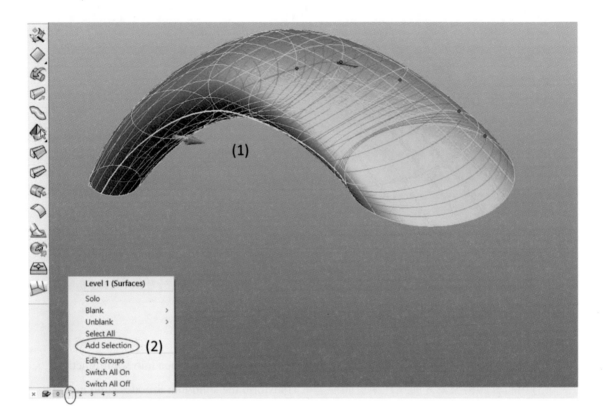

7.9　將曲面轉換成實體（Convert surface into solid）

關閉其他圖層，僅顯示圖層 1 之曲面（Close all layers except layer 1）。

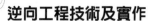

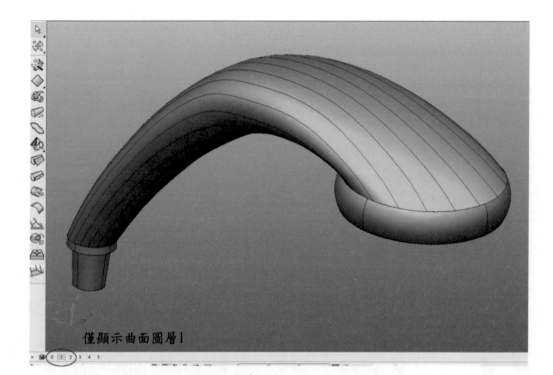

僅顯示曲面圖層1

(1) 開啟實體工具列（Open solid functions）。

(2) 選擇網格或曲面轉換成實體功能（Select convert mesh or surface into solid function）。

(3) 再將實體轉換為 8 節點元素實體模型（Transform the solid into 8-nodes solid model）。

(4) 將實體儲存在屬於實體的圖層之中（Save the solid model into solid layer）。

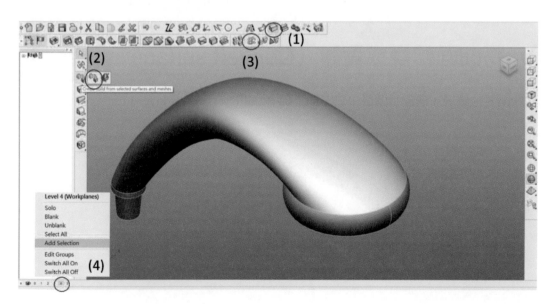

7.10在蓮蓬頭上鑽噴水孔（Drill a hole for the nozzle）

(1) 僅顯示圖層 0（Only open layer 0）。

(2) 正視於網孔（Normal view）。

(3) 開啓繪製圓形工具列（Open circle functions）。

(4) 選擇三點圓功能（Select 3 point arc function）。

(5) 以蓮蓬頭中心附近的小孔三點畫弧，作爲鑽孔中心（Sketch a 3 point arc at the hole near the center of the head）。

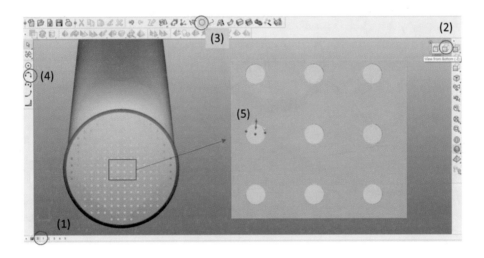

(1) 僅開啓圖層 0（Still only show layer 0）。

(2) 選擇線架構並 Ctrl+K 僅顯示線架構（Select curves and Ctrl+K to show the curves only）。

(3) 再點選剛剛繪製的圓弧，Ctrl+K 僅顯示此圓弧（Select the arc just draw and Ctrl+K to show it only）。

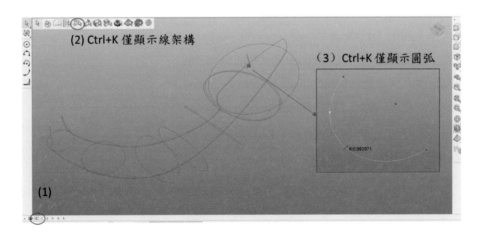

(1) 開啟實體圖層 4，同時顯示實體以及圓弧（Open the layer 4 to show the solid also）。

(2) 正面視圖（Normal view）。

(3) 開啟特徵工具列（Open feature functions）。

(4) 選擇鑽孔功能（Select drilling function）。

(5) 輸入鑽孔參數並點擊圓弧中心完成鑽孔（Input parameters and click the center of the arc to complete the hole）。

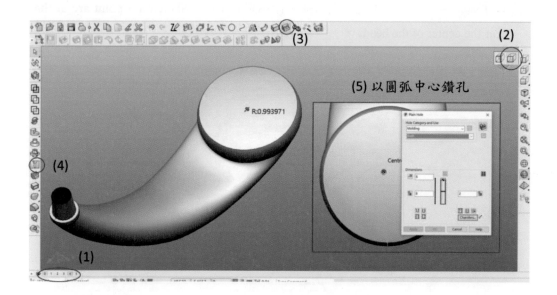

7.11 噴水孔直線陣列（Linear pattern for the nozzle hole）

(1) 同時開啟圖層 0 和 4，顯示網格／曲線／實體（Open layers 0 and 4, for show the mesh, curves and the solid all together）。

(2) 在實體特徵樹內選取剛剛鑽成小孔的特徵（Select the hole just made, in the solid feature tree）。

(3) 開啟一般編輯工具列（Open general edit functions）。

(4) 選擇直線陣列功能（Select linear pattern function）。

(5) 輸入縱向和橫向鑽孔個數（Input number of hole for both direction）。

(6) 刪除多餘的孔（Delete unnecessary holes）。

(7) 按 OK 完成動作（OK to complete）。

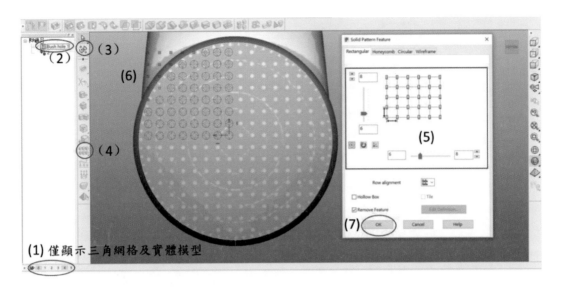

(1) 僅顯示三角網格及實體模型

7.12 噴水孔環狀陣列（Circular pattern for the nozzle hole）

(1) 同時開啓圖層 0 和 4，顯示網格／曲線／實體（Open layers 0 and 4, for show the mesh, curves and the solid all together）。

(2) 在實體特徵樹內選取小孔直線陣列的特徵（Select the linear pattern just made）。

(3) 選擇直線陣列功能（Chose pattern function）。

(4) 在陣列對話方塊內點選環狀選項（Change into circular pattern）。

(5) 輸入環狀個數 4，完成動作（Input number of patten of 4 and complete）。

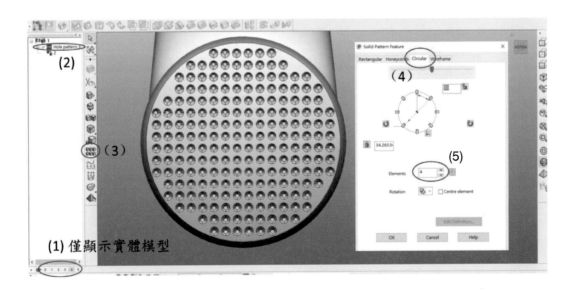

(1) 僅顯示實體模型

141

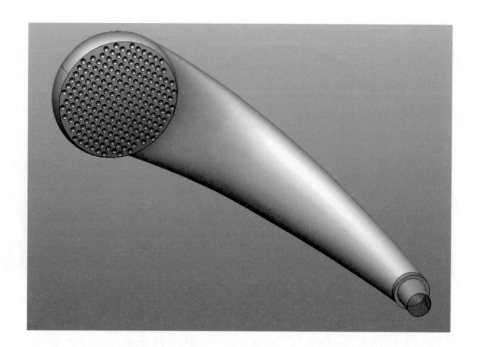

範例六：汽車輪轂（Wheel）

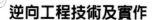

8.1 輸入原始掃描檔案（Open the file）

開啟檔案 M-06-Wheel_Start.psmodel，此檔案包含有一個 3D 掃描得到的輪轂點雲資料、相應的三角網格模型，以及已經完成的曲面及整個輪胎組合。我們的任務主要是對輪轂進行逆向工程，恢復其本來的面目。

檔案名稱(N):	M-06-Wheel_Start.psmodel	▼	開啟舊檔(O)
檔案類型(T):	支援所有模型 (*.psmodel;*.shoe;*.zip)	▼	取消

點雲原始檔
（Original point cloud）

完成後實體模型
（Final solid model）

完成後車輪組
（Final assembly）

8.2　裁剪邊緣（Trim the edge ring）

(1) 正面視圖，點選網格模型以顯示網格編輯工具列（Normal view and select the mesh to show the mesh edit tool bar）。

(2) 選擇「框選網格」功能（Chose "window select" function）。

(3) 按下滑鼠左鍵，框選所需部分（Press left button down and window select）。

(4) 刪除所選網格（Delete selected portion）。

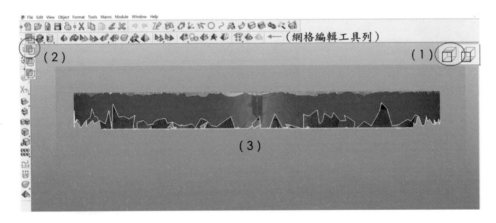

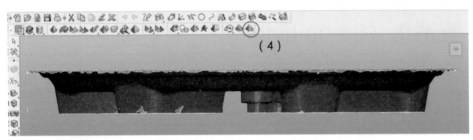

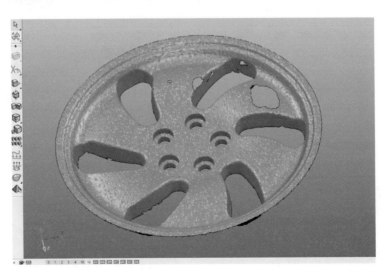

8.3 填補破孔（Hole filling）

(1) 滑鼠左鍵點擊網格，網格編輯工具列出現，選擇填補破孔功能（Fill broken holes）。

(2) 選擇需要填補的破孔，按下 shift 鍵可以複選（Shift and click the holes）。

(3) 點擊「應用」完成填補（Apply to complete）。

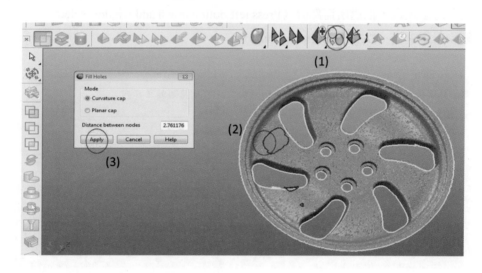

8.4 光滑化（Smoothing）

(1) 在一般編輯工具列中，選擇「雕塑網格」功能，並調整刷子的硬度、大小等參數（Sculpt meshes）。

(2) 按下滑鼠左鍵並移動，進行即時「磨光」（Drag on the surface for smoothing）。

8.5　修剪（Trimming）

(1) 作動座標系 1（Activate Work plane from "World" to "1"）。

(2) 作動 Z 座標（Activate Z axis）。

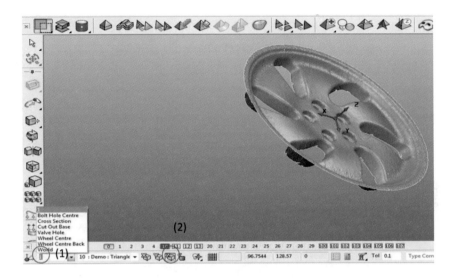

(3) 開啟曲面工具列（Open surface tool bar）。

(4) 選擇圓柱功能（Select cylinder Primitive）。

(5) 滑鼠左鍵點擊坐標原點，產生圓柱曲面（Click on the key point at 0,0,0）。

(6) 滑鼠左鍵按兩下曲面進行編輯，輸入半徑 205 mm（Double click on cylinder, input Radius 205）。

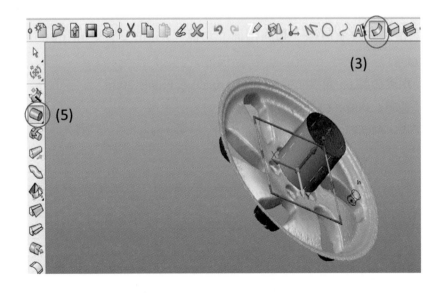

(7) 在選擇了圓柱面前提下，選擇「剪裁」功能（Limit Selection (the cylinder selected)）。

(8) 利用視窗選擇需要剪裁掉的部分（Choose area by window）。

(9) 點擊「下一個」完成動作（Click "Next Solution" to cut outside）。

(10)任務完成，可以刪除圓柱面（When complete, delete or hide the cylinder）。

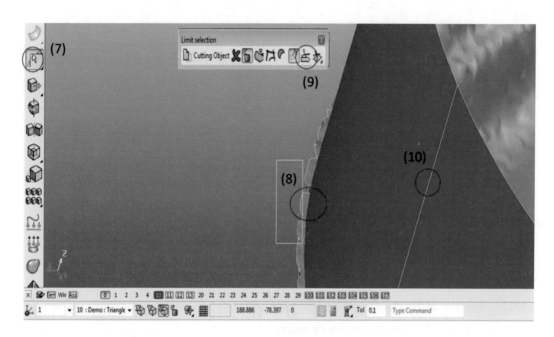

8.6 截取並編輯剖面曲線（Create cross sectional curves）

(1) 空白處滑鼠右鍵並選擇「動態剖面」功能（Right click on outside: Dynamic Sectioning）。

(2) 選擇「環繞 Z 軸」，角度 120（Axis – Around Z, Front:120）。

(3) 打勾「透明」功能（Check – Translucency）。

(4) 點擊「產生剖面線」（Create wireframe of selected item）。

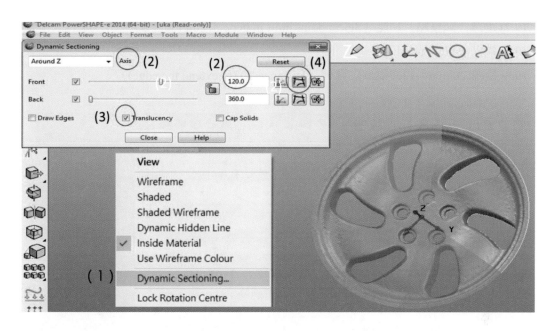

(5) 利用 Ctr+J 隱藏網格，僅顯示剖面曲線（Hide the mesh by Ctrll-J）。

(6) 選擇合適的正面視圖（Normal view to the curve）。

(7) 刪除小線段（Delete small curves）。

(8) 重新分佈點至 40 點（Repoint curve, number of points in range: 40）。

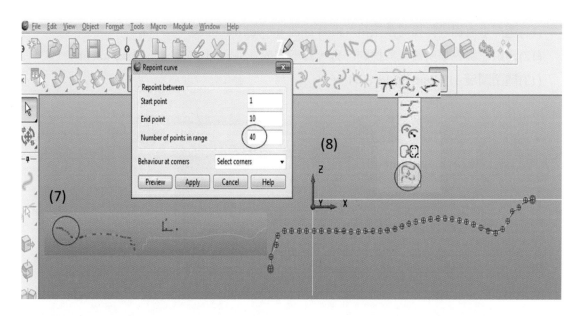

(9) 作動圖層 11，顯示預先繪製的直線（Turn on layer 11 to show premade lines）。

(9.1) 選擇右邊最後點（Click last point on the curve）。

(9.2) 選擇「調整點」功能（Select point limit in general edit tool bar）。

(9.3) 端點 2（End point: 2）。

(9.4) 距離 20 mm，將端點向右延伸（Distance:20 (to extend the edge)）。

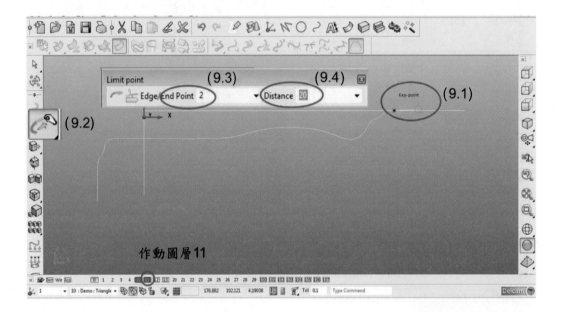

(10) 選擇「修剪」功能（Limit section）。

(11) 選擇垂直線段作為剪裁工具（First click the vertical line）。

(12) 滑鼠左鍵點擊所需裁剪掉的部分，修剪完成（Second click back curve to cut）。

(13) 關閉圖層 11（Turn off level 11）。

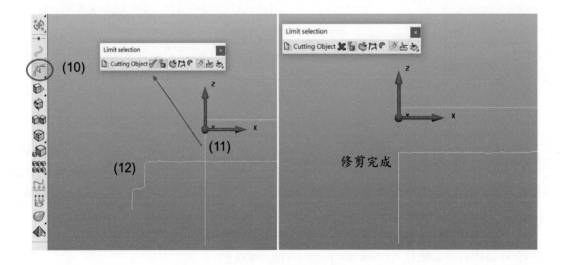

8.7 產生旋轉曲面（Create revolving surface）

(1) 作動 Z 座標（Activate Z axis）。

(2) 開啓「曲面工具列」（Open surface tool bar）。

(3) 選擇曲線並「旋轉曲面」功能（Select revolving surface）。

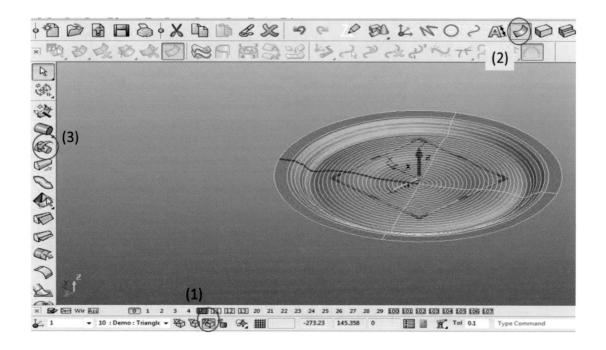

8.8 利用旋轉曲面修剪實體輪轂（Trim the solid with surface）

(1) 打開圖層 12，以顯示輪轂實體（Turn on layer 12）。

(2) 選擇「特徵」工具列（Open feature tool bar）。

(3) 選擇「佈林減法」功能（Select "Remove selected" function）。

(4) 實體爲主，曲面爲副（Select solid as primary & the surface as secondary）。

(5) 點擊 OK 完成修剪動作（OK to complete）。

對於切除實體的哪一部分來說，旋轉曲面的法線方向非常重要（Surface direction is the key to determine which section to be trimmed）。

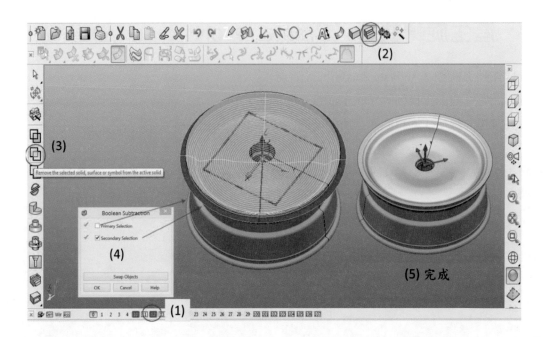

8.9 輪轂上進行減重除料（Make the weight reduction cut）

(1) 僅開啟圖層 10，以顯示網格模型（Turn on level 10 only, the mesh appear）。

(2) 開啟「曲線」工具列（Open curve tool bar）。

(3) 選擇「網格上繪製曲線」功能（Select "snapped to mesh"）。

(4) 繪製曲線如圖（Draw the closed curve）。

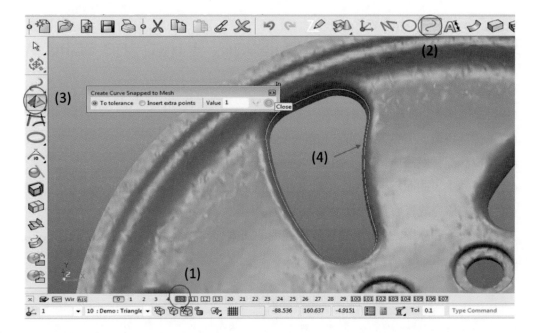

(5) 打開「一般編輯」工具列，並選擇「投影至平面」功能（Open "general edits" tool bar and Select "Project item onto a plane" function）。

(6) 選擇 Z 軸向 Z=0 的平面（chick Z axis and input 0）。

3D 曲線投影在 Z=0 的平面（The 3D curve is projected on the plane of Z=0）。

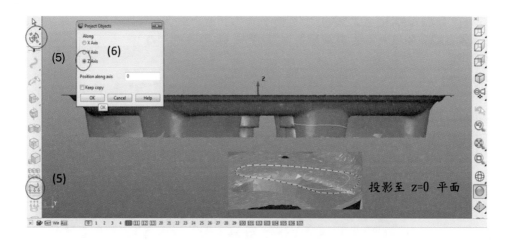

(7) 隱藏網格模型，開啓圖層 12 以顯示輪轂實體（Hide mesh, turn on layer 12 and select the curve on Z=0）。

(8) 開啓「實體」工具列（Open solid tool bar）。

(9) 以剛剛產生的曲線拉伸柱體（Select solid extrusions）。

(10) 滑鼠左鍵按兩下柱體以修改參數（Double click on the solid to setup parameters: Length: 60, Draft angle: 3(357), check Equal lengths）。

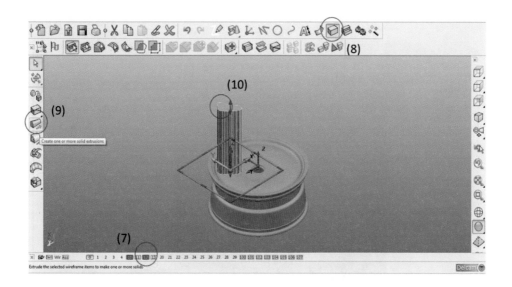

(11) 顯示實體樹視窗（Activate the solid model tree window）。

(12) 開啓「特徵」工具列（Open feature tool bar）。

(13) 選擇「布林減法」功能（Select "remove the selected solid" function）。

(14) 輪轂爲主，柱體爲副，完成除料動作（Select subtraction）。

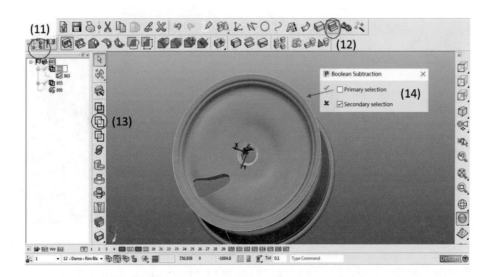

8.10　環狀陣列（Circular pattern the cut and fillet the edges）

(1) 作動 Z 軸（Activate Z axis）。

(2) 打開「一般編輯」工具列（Open general edits tool bar）。

(3) 選擇「陣列」功能（Select pattern function）。

(4) 環狀陣列（Circular pattern: 6 cuts）。

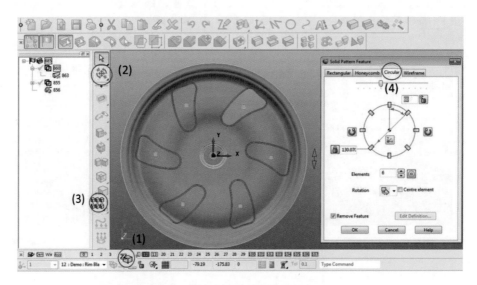

(5) 我們也可以利用「實體樹」進行參數修改，由 6 個孔改成 10 個孔（You can also change into 10 cuts: Subtraction pattern, mouse right click, modify into elements:10）。

圓角（Fillet）：

(6) 開啓「特徵」工具列（Open Feature tool bar）。

(7) 選擇「圓角」功能，半徑 5mm（Select fillet fujction: Radius: 5, Shift + click to select all curves）。

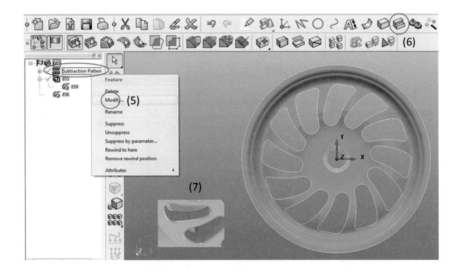

8.11 產生螺栓孔（Create bolt hole）

(1) 作動「螺栓中心」工作座標（Activate work plane: "bolt hole center"）。

(2) 選擇「鑽孔」功能（Create a hole, click key point for the center）。

(3) 設定鑽孔以及倒角的參數（Input the dimensions for the hole and the chamfer）。

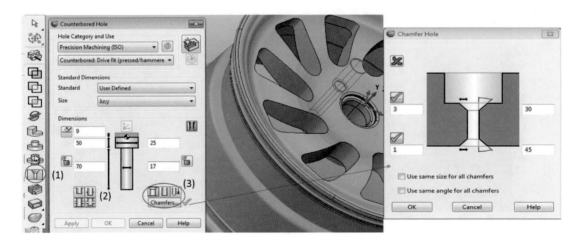

8.12 環狀陣列（Circular pattern the holes）

(1) 改變工作座標爲「輪轂中心」（Change work plane – "Wheel center"）。

(2) 開啓「實體」工具列（Open solid tool bar）。

(3) 在實體樹視窗內選取螺栓孔（Open the solid tree window and select the drive fit hole）。

(4)「環狀陣列」5 個孔（Make circular pattern with 5 holes）。

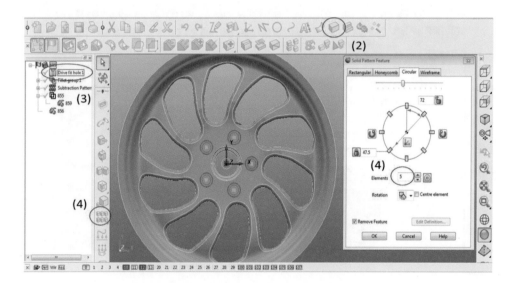

8.13 開啓其他圖層展示輪子組合體（Open other layers to show the whole assembly）

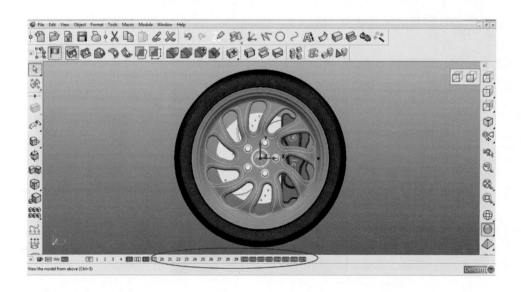

範例七：客製化安全帽（Helmet）

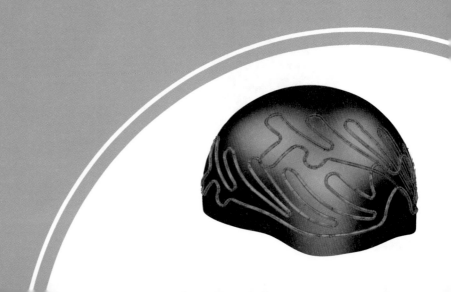

9.1　輸入原始掃描檔案並編輯修補模型

開啟檔案 M-07-Helmet_Start.psmodel，此檔案含有一個經掃描得到的人頭模型三角網格模型，一個初步設計的安全帽減震內襯、外殼、所需曲線，以及可以敷貼到安全帽上的浮雕模型。其中人頭模型儲存在圖層 0，內襯在圖層 3，外殼在圖層 5。

檔案名稱(N):	M-07-Helmet_Start.psmodel ▼	開啟舊檔(O)
檔案類型(T):	支援所有模型 (*.psmodel;*.shoe;*.zip) ▼	取消

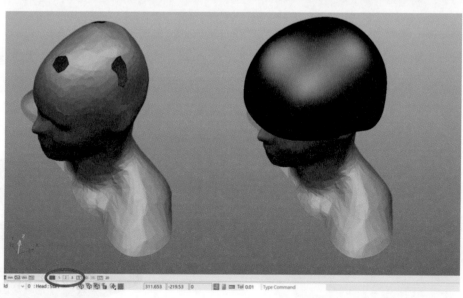

9.2　填補破孔（Fill the holes）

(1) 選擇網格模型與填補破孔功能（Click on the mesh, select Fill the holes）。

(2) 選擇破孔（Hold Shift and click all the holes press apply and close the chart）。

(3) 完成動作（Apply to complete）。

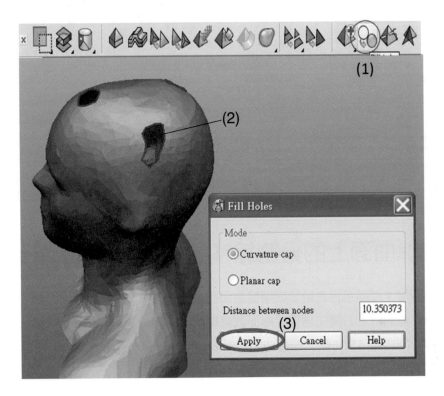

9.3　手動細化網格（Refine mesh）

(1) 選擇網格模型並以多邊形框選區域（Select mesh with discrete lasso）。

(2) 選擇細化網格功能（Smooth mesh）。

(3) 選擇細化程度 0.5（Smoothness 0.5）。

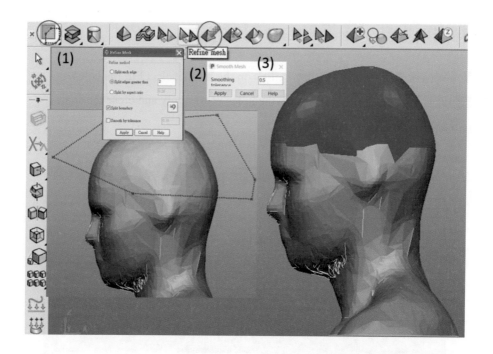

9.4 刪除曲面上的分割線（Delete parting line）

(1) 作動圖層 1 以顯示預先繪製的帽簷曲面（Activate the layer 1）。

(2) 滑鼠在曲面附近右鍵並選擇「曲面裁剪編輯」（Select Surface Trim Region Editing）。

(3) 選擇分割曲線（P 曲線）編輯功能（Select P curve edit mode）。

(4) 點選 P 曲線並刪除（Select and delete the p curve）。

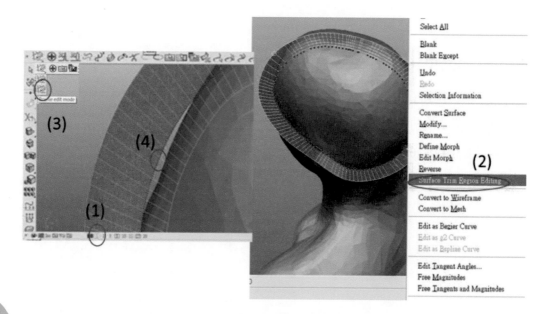

9.5　產生相交曲線（Create intersection curve）

(1) 選擇曲線工具列（Curves）。

(2) 選擇曲面，實體或網格相交曲線功能（Surface solid or mesh intersection）。

(3) 點選曲面然後網格（Primary selection is base surface. Secondary selection is head）。

(4) 點擊 OK 完成（Click OK to complete）。

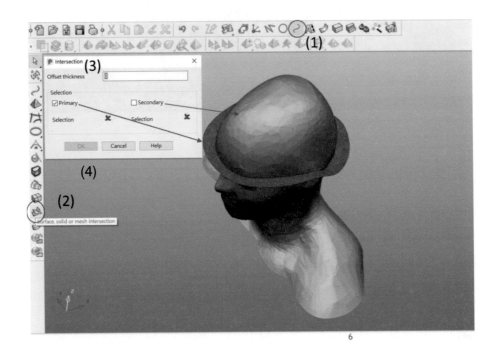

9.6　利用相交曲線裁切頭部網格（Cut the mesh with curve）

(1) 選擇曲線（Select the curve）。

(2) 選擇裁剪功能（Limit Selection）。

(3) 點擊網格（Click on the mesh）。

(4) 點擊下一個，完成動作（Click next solution in order to have next solution）。

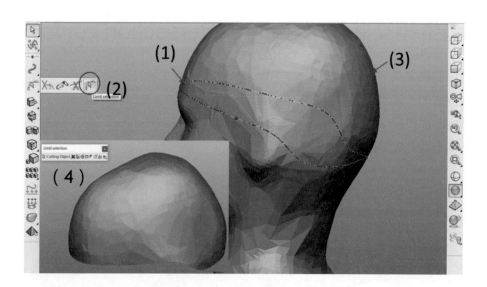

9.7 產生剖面曲線（Create Cross-section curves）

(1) 開啓曲線工具列（Select the mesh function）。

(2) 點選網格模型（Click the mesh）。

(3) 選擇「剖面曲線」功能（create oblique curve on "selected items"）。

(4) 作動 X 座標（X work plane and 10 sections）。

(5) 所選模型上產生 10 條剖面線，Apply 完成（Apply to complete）。

(6) 重複以上但作動 Y 座標以產生 Y 方向 10 條剖面線（the same for the Y work plane）。

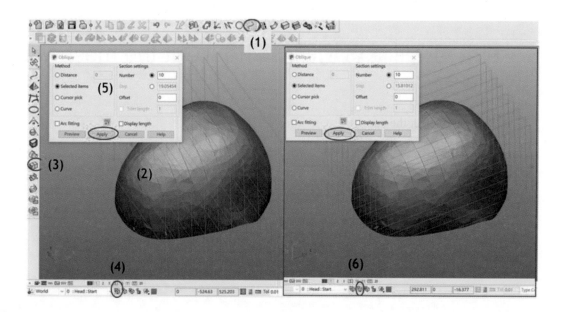

9.8　產生曲面（Create a surface）

(1) 選擇曲線（Select curves）。

(2) 開啓曲面工具列（Surfacing）。

(3) 選擇智慧曲面功能（Smart surface）。

(4) 挑選合適的一種曲面方法完成（Select suitable method of surfacing and complete）。

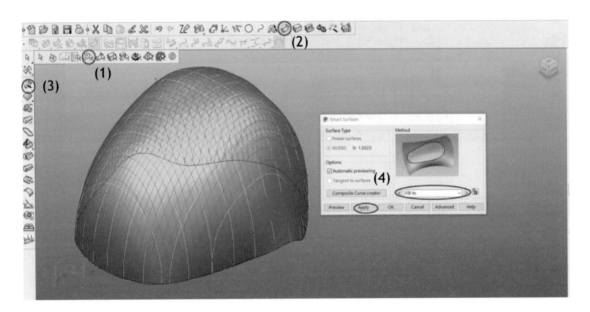

9.9　曲面往外偏移（Create an offset）

(1) 開啓一般編輯工具列（Open general edit）。

(2) 選擇曲面以及偏移功能（Select the surface, Click on offset entities）。

(3) 輸入偏移量 2 mm（Distance 2, and copy selected items）。

(4) 確保往外偏移（Click anywhere for apply the offset）。

(5) 偏移完成後將內部曲面隱藏（When complete, hide or delete the inner surface）。

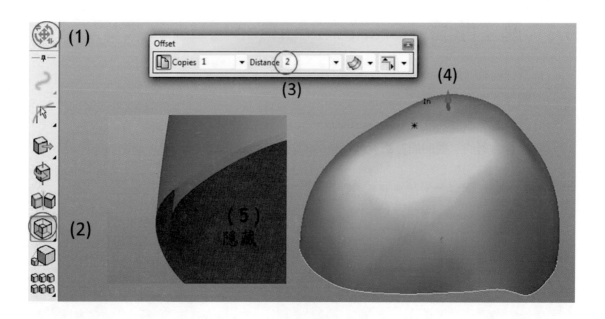

9.10 曲面反向（Reverse orientation）

如果曲面內部是紅色的，在曲面附近滑鼠右鍵後選擇「反向」功能，便可將其反向（If the inside surface is red, right click inside surface and reverse direction）。

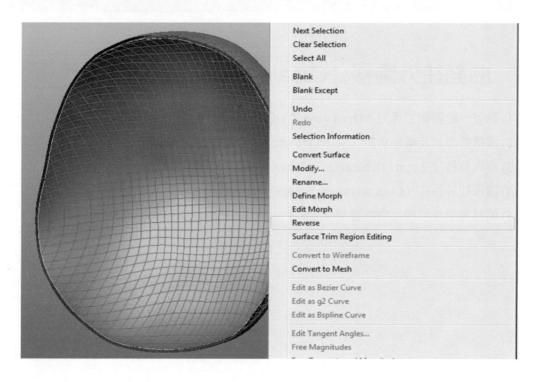

9.11 倒圓角（Make a fillet）

(1) 開啓圖層 1 和 3（Open level 1 and 3）。

(2) 點選內部曲面並選擇倒圓角功能 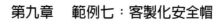（Select the inside surface and click surface fillet）。

(3) 輸入圓角半徑 2 mm，並選擇凸形圓角（Convex and 2 mm fillet）。

(4) 點選次級曲面並完成動作（the secondary is surface 1）。

這樣的安全帽內襯將會和以上用戶的頭型非常符合，大大提高了產品舒適度和安全性。

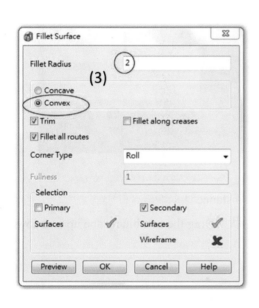

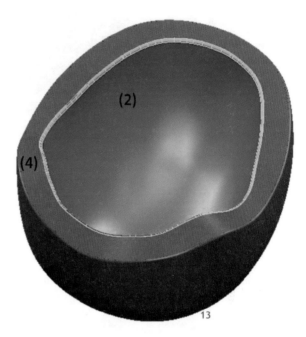

9.12 外殼造型（Morph helmet shape）

(1) 開啓圖層 5 和 10（Open level 5 and 10）。

(2) 開啓特徵工具列（Features）。

(3) 選擇造型功能 （Select morph）。

(4) 點選「更多」，然後「進階」（In the dialog, select more and advance）。

(5) 點選外殼上的曲線爲「自」（From），點選凸出曲線爲「至」（to）（Select the curve on the helmet for "from", select the other curve as "to"）。

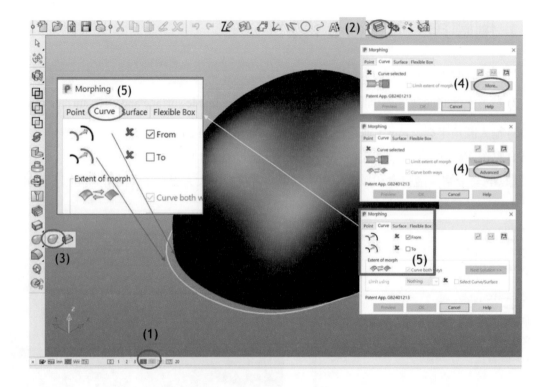

(6) 改變侷限工具為「距離」，Change limit using "distance"）。

(7) 滑鼠左鍵按住並拖曳引導平面，直至滿意的形狀（Drag the two blue plane up and down for adjust）。

(8) 點擊 OK 完成動作（Click OK to complete）。

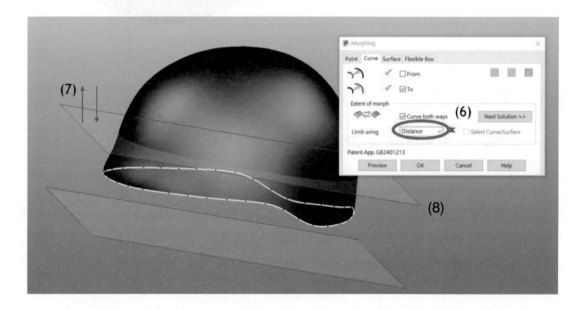

9.13 敷貼造型曲線至安全帽表面（Wrap a pattern）

(1) 作動圖層 5 和 11（Active level 5 and 11）。

(2) 將實體模型轉換成曲面模型（Convert solids into surfaces）。

(3) 開啟曲面工具列（Open surface tools）。

(4) 選擇敷貼功能（Select wrap）。

(5) 點擊下一步（Click "next" in the dialog box）。

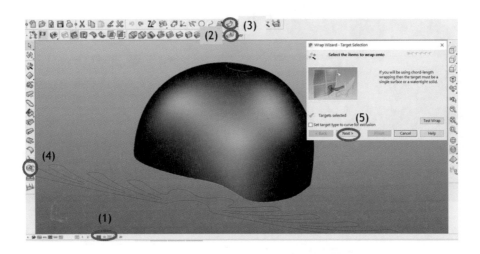

(6) 選擇造型曲線（Select the pattern）。

(7) 點擊下一步兩次（Double click next）。

(8) 選擇 UV（Select UV）。

(9) 點擊下一步（Click next）。

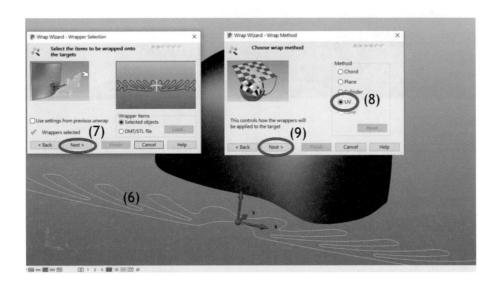

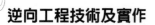
(10)正面視圖（It is better to view from the back）。

(11)輸入旋轉角度 90（Adjust the parameters of rotation (90)）。

(12)以等視角檢視並調節尺寸／位置參數至理想（Then adjust the dimensions in isometric）。

(13)下一步（Next）。

(14)滿意的話完成動作（Complete if the dimensions are satisfactory）。

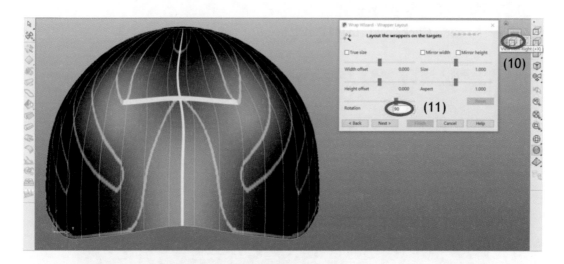

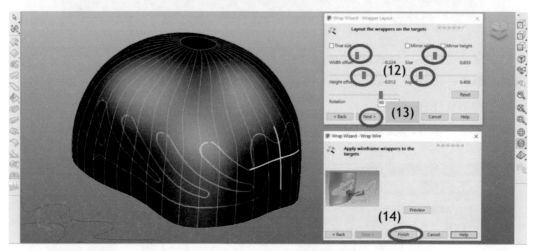

9.14 在敷貼曲線上繪製一個剖面圓

(1) 作動 Y 座標（Active Y axis）。

(2) 開啟圓弧工具列（Open arc tolls）。

(3) 選擇畫圓功能（Click circle）。

(4) 在圖示位置的關鍵點為中心繪製圓（Click on the key point for center point of a circle）。

(5) 滑鼠左鍵按兩下圓產生編輯對話方塊，輸入直徑 2 mm（Double click over the circle and change radius to 2 mm）。

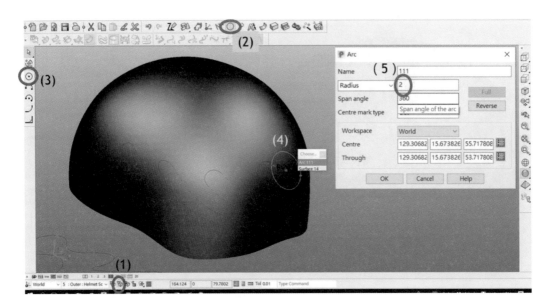

9.15 產生敷貼圖案曲面（Make a drive curve surface）

(1) 同時選取圓形以及敷貼曲線（Select both the arc and the pattern with shift key）。

(2) 開啟曲面工具列（Go to surface）。

(3) 選擇智慧曲面功能（Smart surface）。

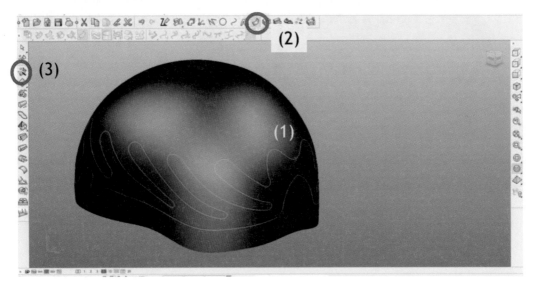

(4) 點擊進階選項（Press advance）。

(5) 勾選引導曲線（Guide curves）。

(6) 選取曲率並完成動作（Curvature）。

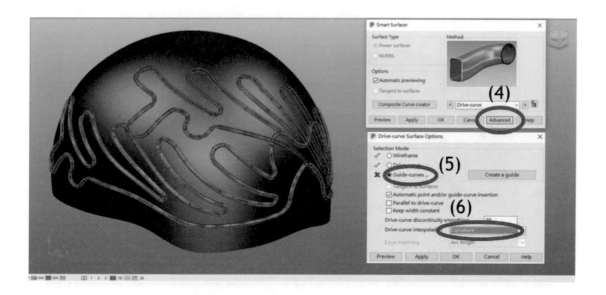

對於敷貼曲面還可以變換色彩如下：

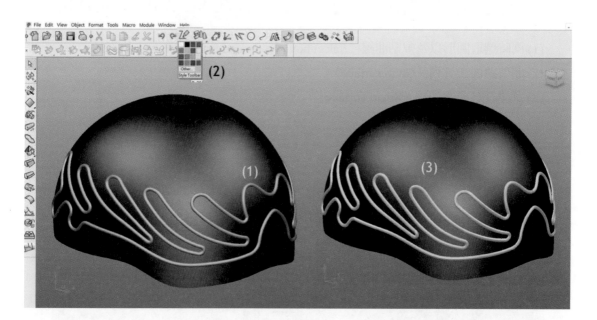

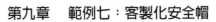

9.16 曲面倒圓角（Make a fillet）

(1) 開啟曲面工具列，並選擇倒圓角功能 （Select surface and surface fillet）。

(2) 選取敷貼曲面為主（Select the new surface pattern as primary）。

(3) 勾選凹型圓角並輸入半徑 0.25mm（Concave 0.25 in radius, check trim and fillet）。

(4) 再選取安全帽曲面為輔（Helmet as secondary）。

(5) 預覽並完成（Preview and OK to complete）。

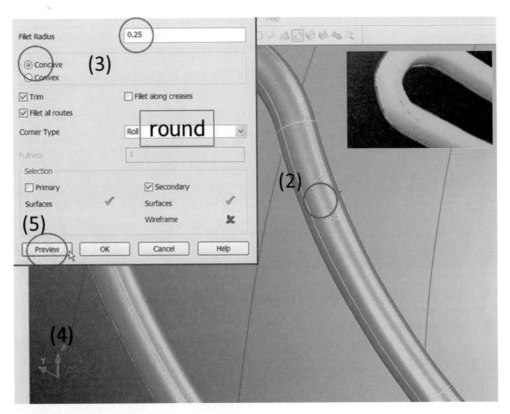

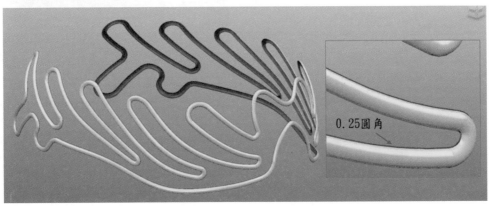

9.17 敷貼浮雕（Wrap relief）

(1) 開啓圖層 17（Open level 17）。

(2) 開啓曲面工具列（Select surface）。

(3) 選擇敷貼功能（Wrap）。

(4) 點選安全帽外殼（Select the helmet outside）。

(5) 點擊下一步（Next）。

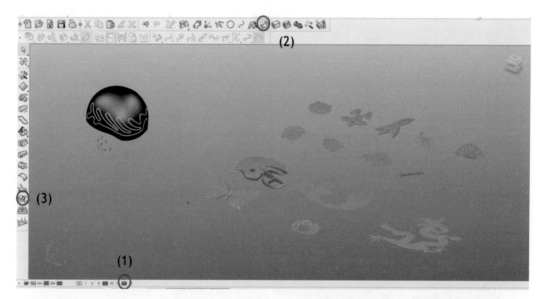

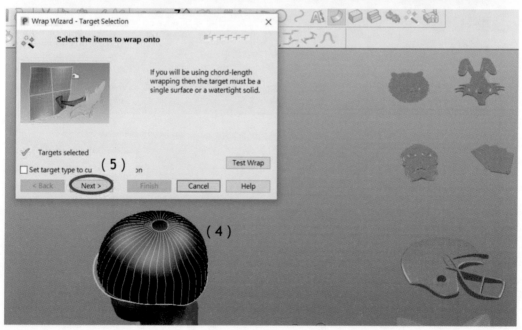

(6) 選擇你想要敷貼的模型（Select the model you want to wrap onto the helmet）。

(7) 滑鼠左鍵雙點擊「下一步」（Next twice）。

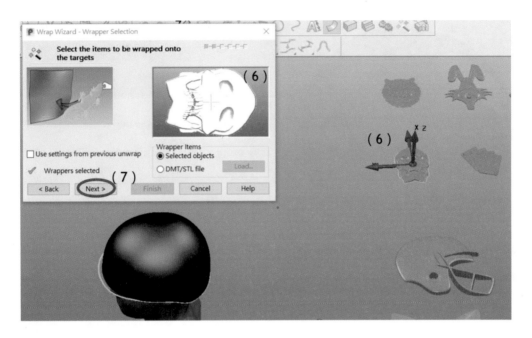

(8) 勾選「平面」方法（Select plane）。

(9) 滑鼠左鍵點擊「下一步」（Next）。

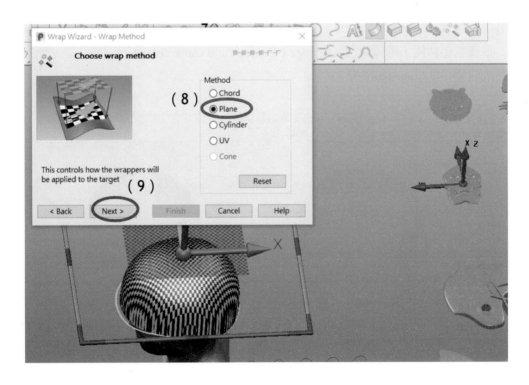

(10)調節浮雕的大小／位置,「下一步」,「完成」（Adjust the size/position/rotation, press next and complete）。

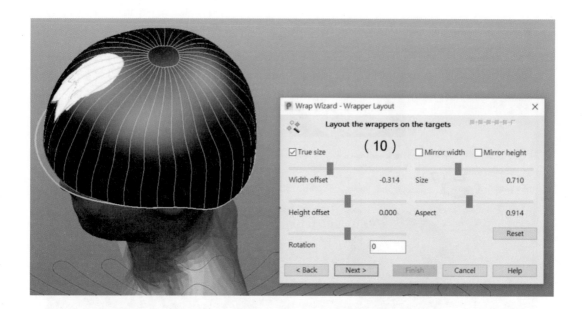

9.18 改變浮雕顏色（Change color for the relief）

對於浮雕還可以變換色彩如下（Method of color change）：

(1) 選擇浮雕（Select the relief）。

(2) 改變顏色功能,選擇顏色（Change color icon and chose color）。

(3) 完成變色（Color changed）。

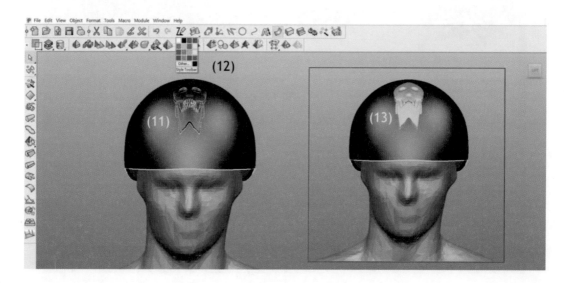

範例八：醫學應用——臉頰創傷修補（Medical Application）

10

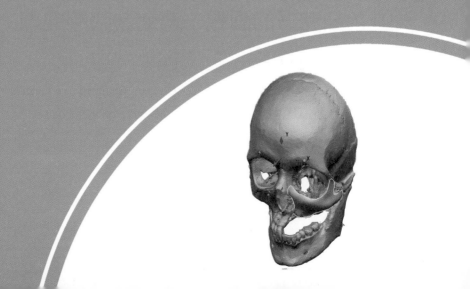

10.1 輸入原始掃描檔案（Import scanned model）

開啓檔案 M-08-Cheekbone_Start.psmodel，此檔案含有一個 3D 掃描得到的點雲 / 網格。

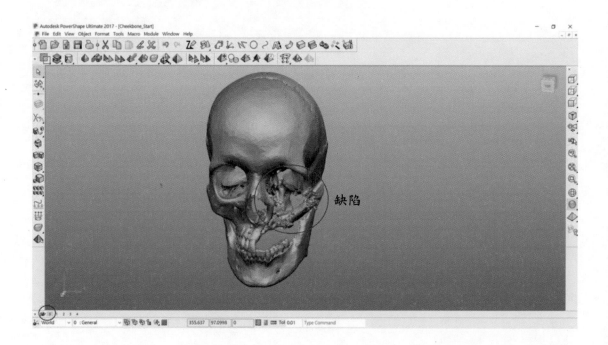

| 檔案名稱(N): | M-08-Cheekbone_Start.psmodel | ▼ | 開啟舊檔(O) |
| 檔案類型(T): | 支援所有模型 (*.psmodel;*.shoe;*.zip) | ▼ | 取消 |

在視窗左下角，打開圖層「0」（其他圖層均保持關閉）。

缺陷

10.2 在完好的面頰一邊繪製封閉曲線

(1) 開啓曲線工具列（Open curve tool bar）。

(2) 選擇在網格上繪製曲線功能（Choose "Snapped to a mesh"）。

(3) 根據所需逐點繪製曲線（Draw the curve on the bone）。

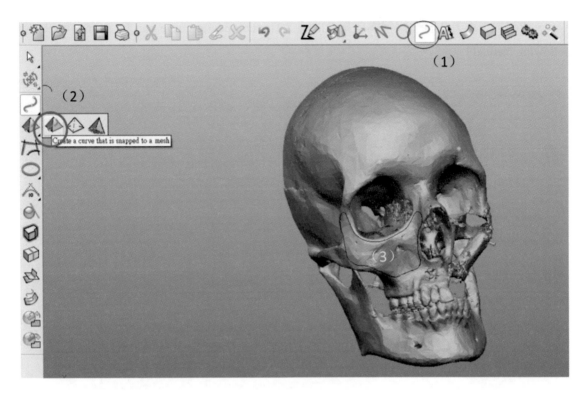

(1) 開啟曲線工具列（Still keep the curve tool bar open）。

(2) 選擇綜合曲線功能（Choose a composite curve function）。

(3) 點選剛剛繪製的曲線，若封閉則儲存（Save the closed curve）。

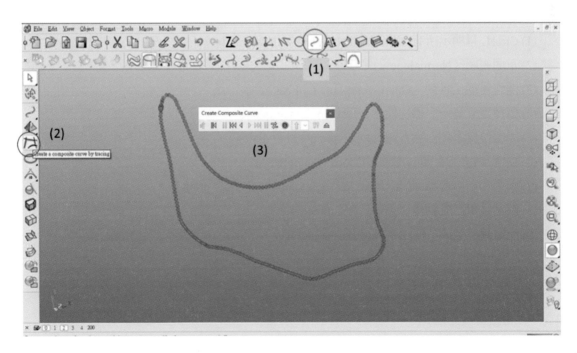

• 也可以以下方式將曲線轉換成複合曲線（The composite curve can be formed with the following method）。

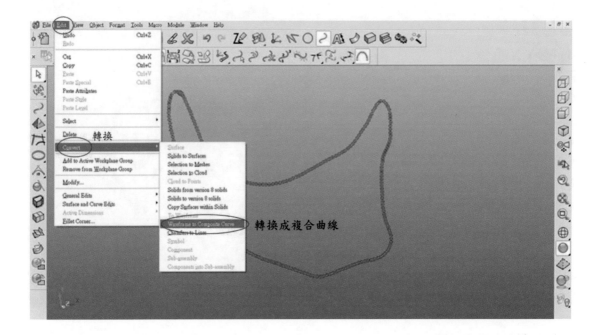

10.3 建立中心座標（Create a working coordinate at the center of the model）

(1) Ctrl+L 以顯示所有元素（Ctrl+L to show all the model）。

(2) 正面視圖（Normal view）。

(3) 開啓座標工具列（Open workplane tool bar）。

(4) 選擇建立單一座標功能（Select single workplane）。

(5) 開啓位置選項對話方塊（Open the position dialog）。

(6) 點選「在…之間」選項（Choose "in between"）。

(7) 點選左右參考點（Click first key point and second key point）。

(8) 點選應用完成動作（Apply, OK to complete）。

(9) 座標建立完成（Looks show on the picture）。

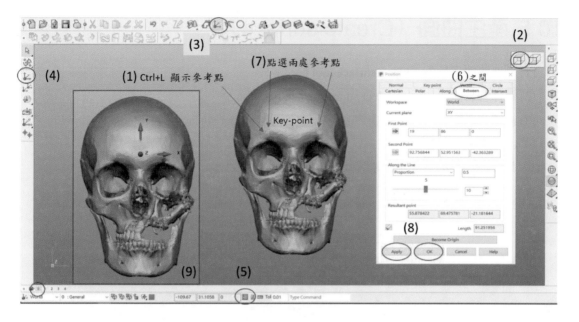

10.4 將曲線鏡射（Mirror the curve）

(1) 選擇曲線（Select the curve just mirrored）。

(2) 開啓一般編輯工具列（Open general edit tool bar）。

(3) 選擇鏡射功能（Select mirror function）。

(4)、(5) 點選 YZ 平面，完成鏡射（Click YZ plane）。

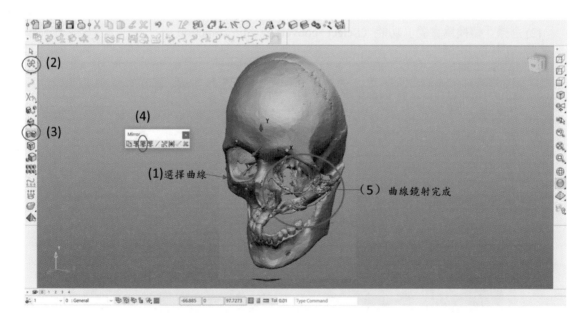

10.5 產生曲面（Create surface）

(1) 開啓曲面工具列（Open surface tool bar）。

(2) 選擇智慧曲面功能（Select smart surface function）。

(3) 挑選合適的曲面成型方法然後完成（Choose proper surfacing method and Apply）。

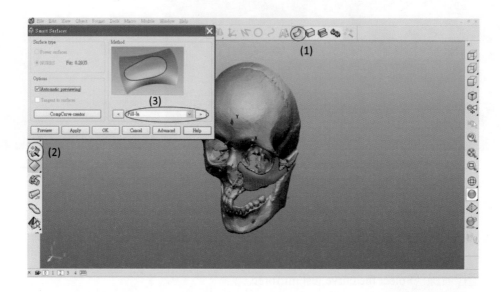

10.6 將曲面轉換為實體（Convert the surface into solid）

(1) 開啓實體工具列（Open solid tool bar）。

(2) 選擇「轉換為實體」功能（Select "convert to solid" function）。

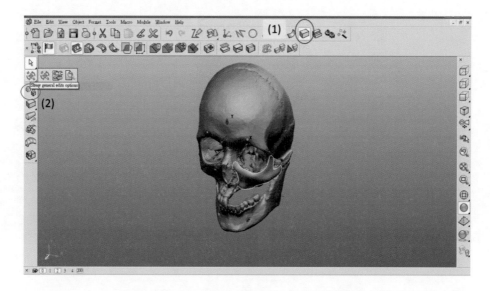

10.7 加厚實體（Thicken the piece）

(1) 開啓特徵工具列（Open feature tool bar）。

(2) 選擇厚面功能（Select thick solid）。

(3) 輸入厚度值 2 mm（Input thickness of 2 mm）。

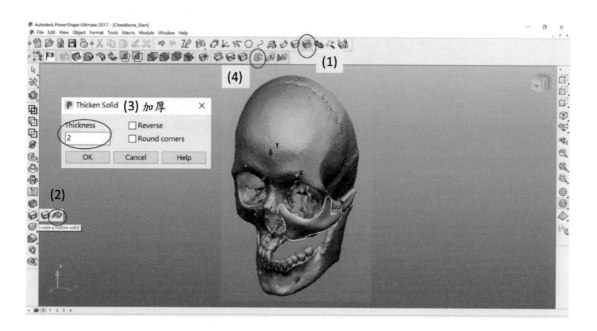

10.8 輸出成為 CAD 檔案（Export as CAD model）

(1) 檔案／輸出（File/Export）

(2) 選擇將要開啓的 CAD 軟體的名稱（Select the CAD software to be exported to）。

(3) 下一步（Next step）。

(4) 選擇輸出檔案的格式，建議選擇 x_t 或 step 檔案，完成（Chose the format of the file, x_t and step are suggested, and complete）。

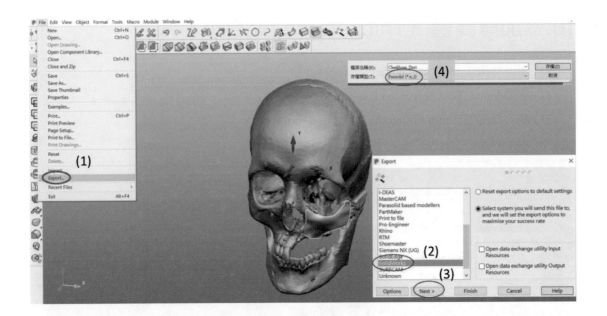

10.9 在 CAD 軟體中開啓

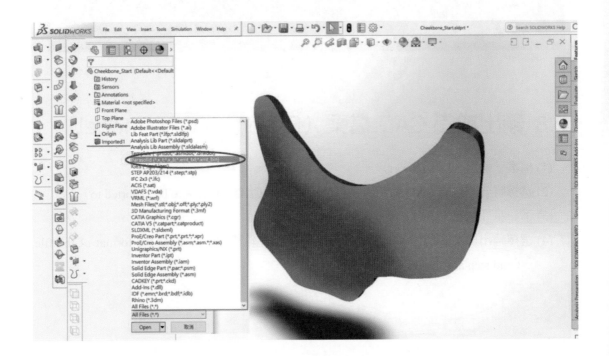

11

範例九：掃描資料定位（Alignment）

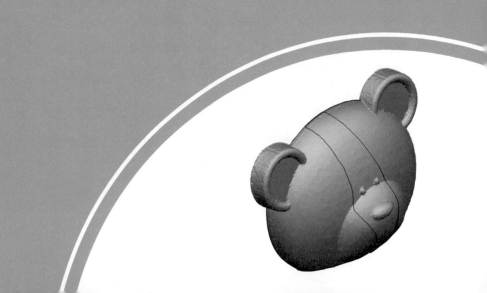

對於尺寸大以及複雜的 3D 物體，或者使用掌上型掃描設備，常常遇到一個模型會產生數個或幾十個點雲資料的情況。這時候，逆向工程的定位功能便是保證將所有點雲資料精准地結合在一體的關鍵。（For big or complex 3D models or scan with hand-held device, the obtained point cloud data are often in several pieces. Therefore, the alignment will be the key to join all pieces together with high accuracy.）

11.1 輸入原始掃描檔案（Import scanned model）

開啓檔案 M-09-AlignTeddy.psmodel，此檔案含有一個 3D 掃描得到的點雲以及相應的三角網格模型。

檔案名稱(N):	M-09-AlignTeddy_Start.psmodel ▼	開啟舊檔(O)
檔案類型(T):	支援所有模型 (*.psmodel;*.shoe;*.zip) ▼	取消

檔案中有八塊點雲模型，結合在一起便形成了整個 Teddy 熊的模型（There are eight pieces of scanned model, combine together to form a Teddy bear, each saved in different layers）。

11.2 隱藏點雲，僅顯示網格模型（Hide point clouds）

(1) 選擇工具列中選擇點雲（Select point clouds）。
(2) Ctrl+J，使得視窗中只剩下三角網格模型（Ctrl+J to hide point clouds）。

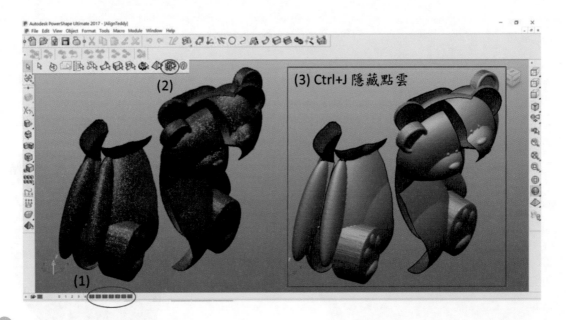

11.3 隱藏身體部分，僅顯示頭部模型（Hide the body portion）

(1) 開啟圖層 5,6,8（Open the level 5,6 and 8 only）。

(2) 俯視（Normal view from top）。

現在我們可以從座標方向來尋找最為合適的一個模型作為參考模型（不再移動）（Now we know which piece is proper as reference (to be fixed)）。

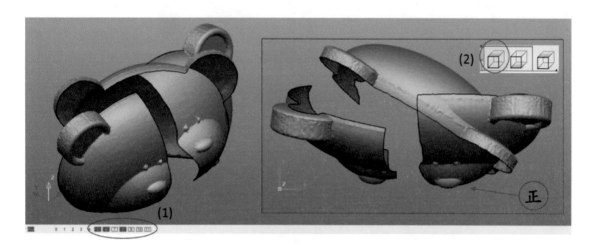

11.4 參考點定位（小熊面部）（Reference points alignment（Face））

為簡明起見，我們從二片模型開始（For clarity, we start to align two pieces）。

(1) 開啟圖層 5 和 6（Open the level 5 and 6 only）。

(2) 選擇參考點定位功能（Choose Align Items）。

(3) 點選移動物件，再點選固定物件。然後在移動物件和固定物件上各點選相應的三個參考點（Define the left face as fixed reference and the left face as alignment piece. Then pick three corresponding points on each piece）。

(4) 點擊應用後電腦會根據內定的演算法將物體定位（Click apply, the program will calculate the alignment fit）。

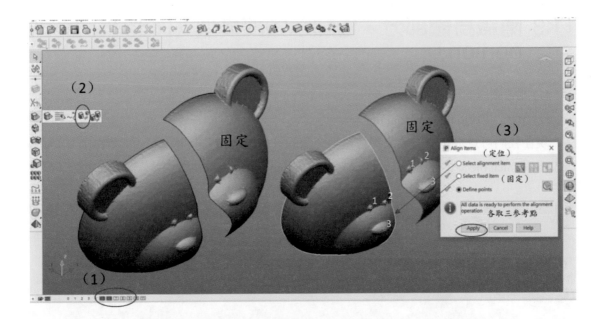

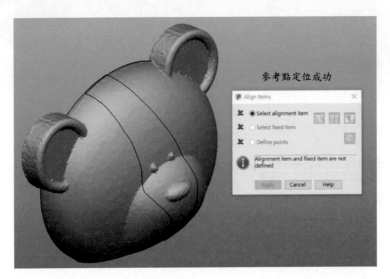

11.5 最佳化定位（小熊面部）（Automatic optimized alignment (Face)）

(1) 選擇最佳化定位（Choose the Best-fit Align）。

(2) 點選移動物件，再點選固定物件（Click the items show on the picture）。

(3) 點擊應用後電腦會根據內定的演算法將物體定位（Apply to complete）。

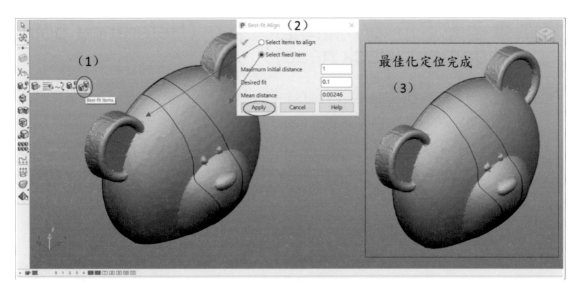

11.6 結合模型（小熊面部）（Join the two aligned pieces (Face)）

(1) 開啓圖層 5 和 6，同時框選兩個網格模型（Still open level 5 and 6. Select both models）。

(2) 選擇縫合網格模型（Select Stitch mesh in the mesh edit tool bar）。

(3) 勾選縫合所選模型，完成動作（Check combine selected meshes）。

現在 2 片模型結合成了一片（Now the two become one piece）。

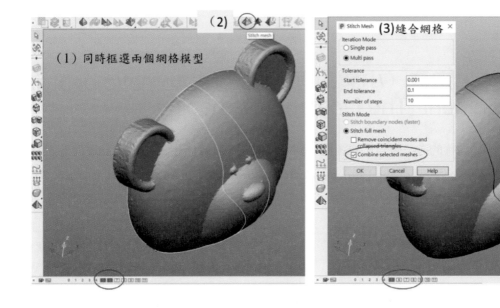

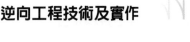

11.7 參考點定位（小熊背面頭部）（Reference point alignment (Back head)）

(1) 開啟圖層 5 和 8（Open the level 5 and 8）。

(2) 選擇參考點定位功能（Choose align items）。

(3) 點選移動物件，再點選固定物件。然後在移動物件和固定物件上各點選相應的三個參考點（Define the face as fixed reference and the back head as alignment piece. Then pick three corresponding points on each piece）。

(4) Apply to complete.

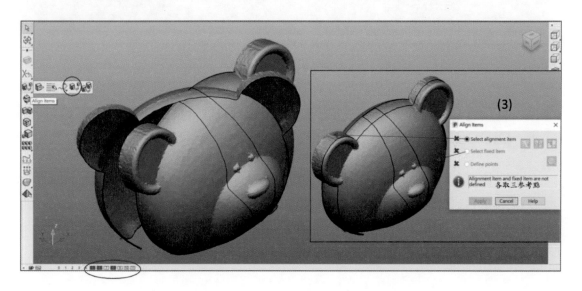

11.8 最佳化定位（小熊背面頭部）（Automatic best fit alignment (The face and the back)）

用和第 5 小節同樣的方法，對小熊後腦勺和臉部模型進行最佳化定位（Automatic best fit can be achieved with the same method as demonstrated as in section 5 in this chapter）。

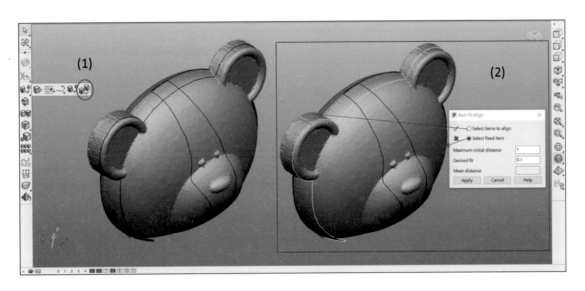

11.9 完成所有模型定位並縫合成一體（Complete alignment for all pieces and join them together）

　　然後用同樣的方法，耐心地將身體各部分進行定位和縫合成一體（Align all pieces and join together as a whole model, with patience）。

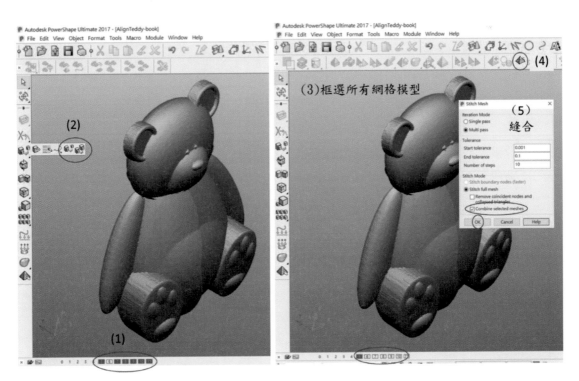

12

範例十：從 2D 照片建立 3D 模型
（From 2D pictures to 3D model）

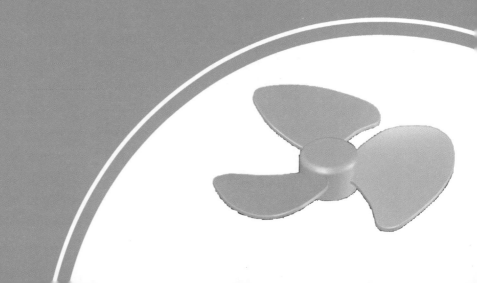

逆向工程技術及實作

　　對於一個立體實物，我們也可以先從拍攝 2D 的普通照片入手，然後用一般的 CAD 軟體將 2D 的照片還原成原來的 3D 實體模型的 CAD 模型。本章首先將較詳細地介紹比較簡單的風扇葉片逆向工程作法和技巧，然後顯示兩輛以此方法產生的汽車模型，此兩輛汽車模型均由筆者及學生利用課內和課餘時間親手完成。

※ 拍攝風扇照片時一定要注意，俯視圖和正視圖以某一片葉片為主對準正向座標。

以此葉片為主

12.1 開啓 SolidWorks 新的零件檔（Start a new part file）

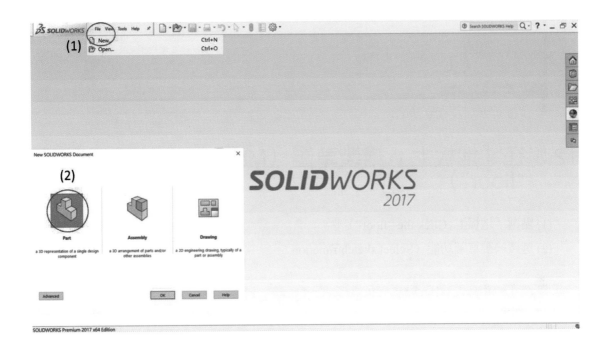

12.2 顯示座標平面，並以等視角展現（Showing work planes and isometric view）

(1) 顯示所有三個基礎平面（Showing all three base planes）。

(2) 並且以等視角觀察（Chose isometric view）。

在這個立體空間，我們將此三個基準平面看作一塊地板和兩片牆（Now we consider this 3D space with one "floor", and two "walls"）。

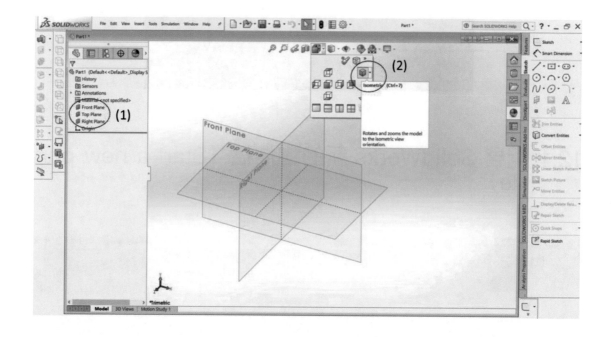

12.3 在「地板上」繪製草圖（Make a sketch on the "floor"）

(1) 點選「地板」（Click the "floor"）。

(2) 選擇繪製草圖功能（Select sketch function）。

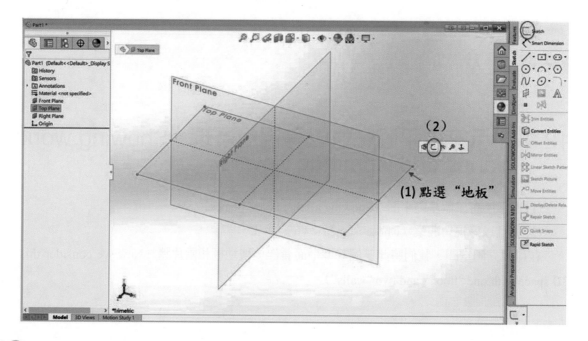

繪製以座標原點為中心的兩個圓，尺寸如圖示（Draw a circle on the origin and input diameter）。

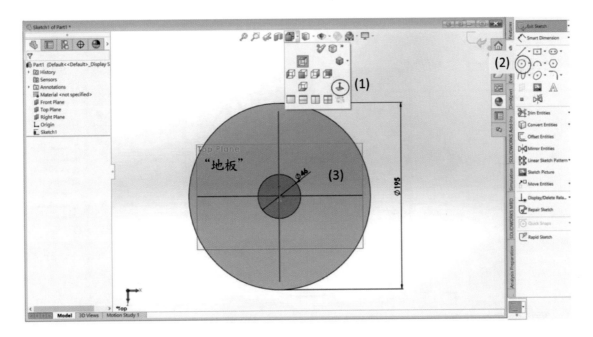

12.4 在草圖上插入風扇的俯視照片（M-10-Fan-01. png）（Insert the over-view picture (M-10-Fan-01.png) of the fan into the sketch）

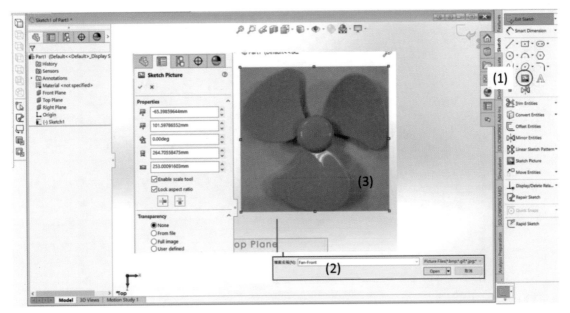

12.5 利用滑鼠拖曳將照片調節到所定的位置與尺寸 （Adjust the position and the dimension of the picture）

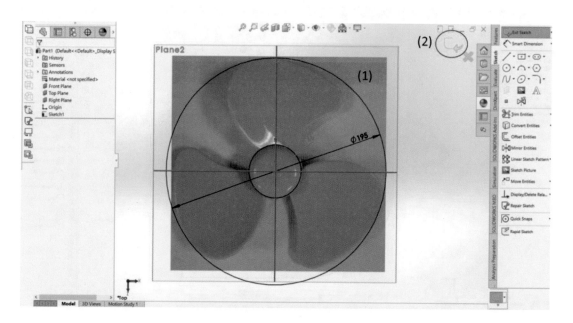

12.6 退出草圖並以等視角檢視（Complete sketch）

完成引入風扇俯視圖並調節其位置與尺寸（Now the over-view introduction is completed）

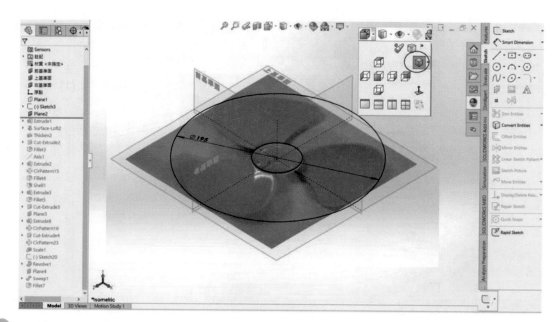

12.7 在圖示方位建立新的平面（Create an offset plane for side view）

(1) 特徵 — 參考幾何 — 平面（Feature-Reference Geometry-Plane）。

(2) 點選圖示座標面（Click the plane as shown (a "wall")）。

(3) 輸入平面偏移尺寸（195/2），其實就是風扇的半徑（Input dimension of 195/2）。

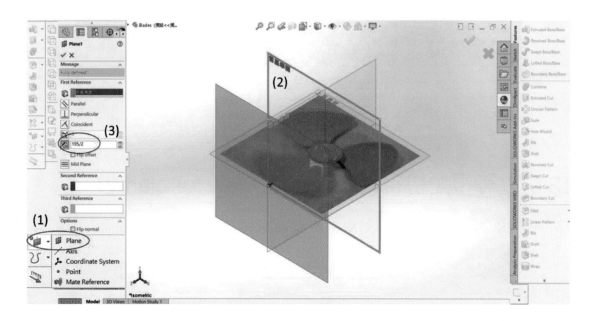

12.8 將風扇正視圖引入新的草圖（Insert the side-view picture of the fan into the sketch）

(1) 在新的草圖上繪製兩條垂直線，標注如圖的尺寸（Draw two vertical lines for reference of the hub diameter measured with caliper）。

(2) 引入風扇側視圖並用以上相同方法調節其位置與尺寸（Insert the side-view of the fan（M-10-Fan-02.png）and adjust the dimension/location）。

(3) 完成草圖（Complete the sketch）。

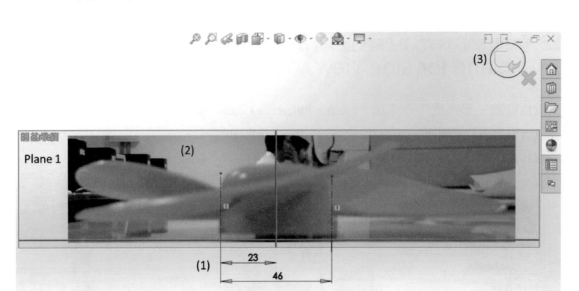

12.9 以等視角檢視（Isometric view for clarity）

至此完成了風扇俯視圖的引入（Now the introduction of the pictures are complete）。

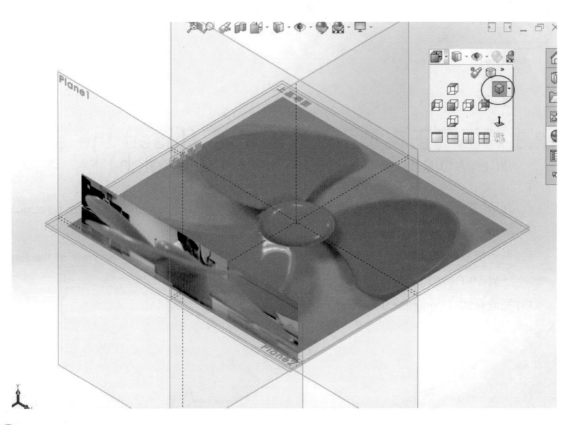

12.10 產生風扇的軸心圓柱（Create the hub for the fan）

(1) 特徵 — 拉伸（Feature-Extrusion）。

(2) 從「地板」上拉伸出 Φ46 高度 27 mm 的圓柱體（Extrude a cylinder of Φ46x27 mm）。

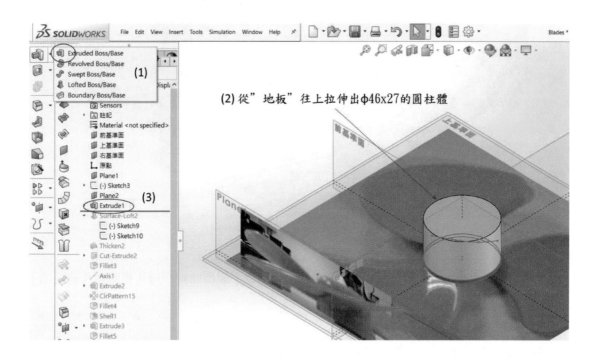

12.11 以疊層拉伸產生風扇葉片的曲面（Create blade surface with loft surface method）

(1) 選擇平面 1（Select work plane 1）。

(2) 作草圖 9，其中曲線是沿著葉片外部投影描繪（Make sketch 9, the curve is follow the projection of the outside edge of the blade）。

(3) 選擇「牆壁」（Select the "wall"）。

(4) 作草圖 10，其中曲線是沿著葉片內邊的投影描繪（Make sketch 10, the curve is follow the projection of the inside edge of the blade）。

(5) 根據這 2 條曲線，以疊層拉伸的方法成型了葉片的曲面（Surface-loft to create the blade surface）。

※ 注意：曲線兩頭延伸一定的長度，因為接下去還要剪切成合適的形狀（Please note that the curves should be made longer, because later we need to trim to the actual dimension）。

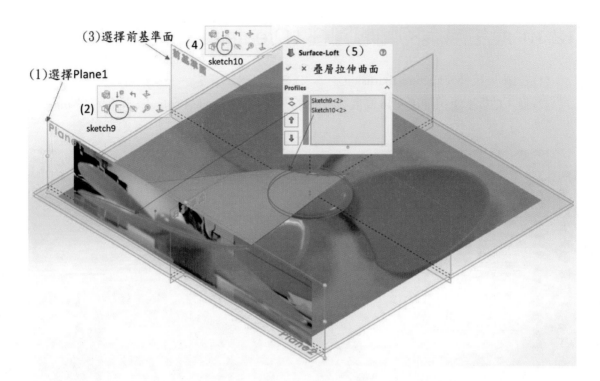

其中草圖 9（sketch9）和草圖 10（sketch10）分別以不規則曲線根據正視圖照片繪製如下
（Sketch 9 and 10 look like the following）：

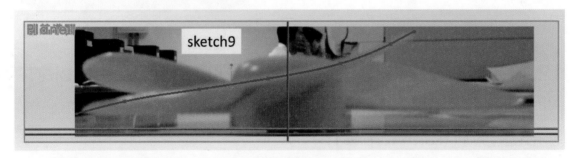

12.12 風扇葉片加厚（Thicken the blade）

(1) 主工具列－插入－填料／基材（B）－厚面（Main tool bar-Insert-Boss-Thicken）。

(2) 輸入葉片厚度 1.5 mm，並指定兩邊對稱，完成動作（Input thickness 1.5mm of both side and complete）。

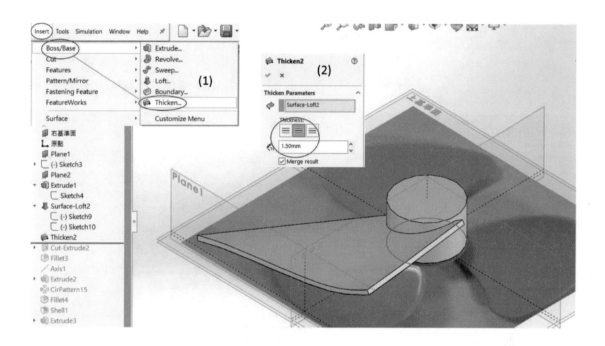

12.13 切割葉片外型（Trim the blade to the outside profile）

(1) 特徵－拉伸除料（Feature-Extrusion cut）。

(2) 選擇「地板」爲基準面繪製草圖（Select the "floor" as base）。

(3) 根據風扇俯視圖用不規則曲線以及圓弧繪製葉片外型（Make a sketch, following the blade profile in the picture）。

(4) 完成封閉的草圖（Complete the closed sketch）。

(5) 勾選「反轉除料方向」以保證切除葉片外部材料（Flip side to cut）。

(6) 一片葉片完成（One blade complete）。

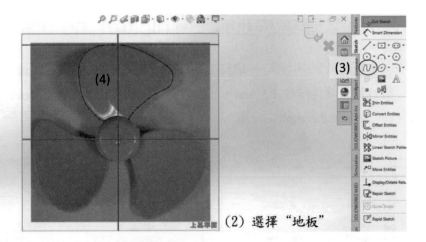

(1) Extruded Cut

(2) 選擇 "地板"

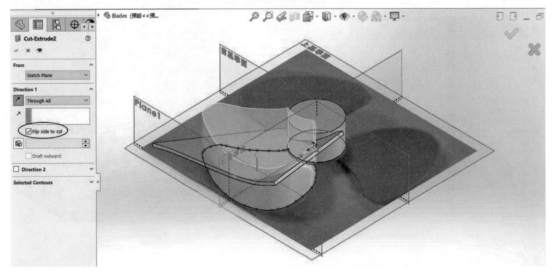

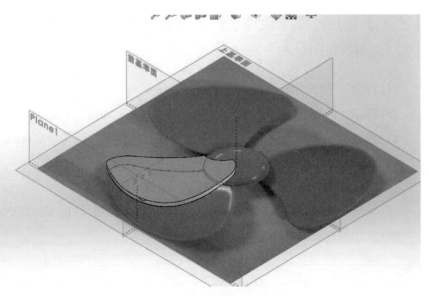

12.14 葉片倒圓角（Make fillets on the blade edges）

(1) 特徵 — 倒圓角（Features-Fillet）。

(2) 點選需要圓角的邊線並輸入圓角半徑 1 mm（Select the edges and input radius）。

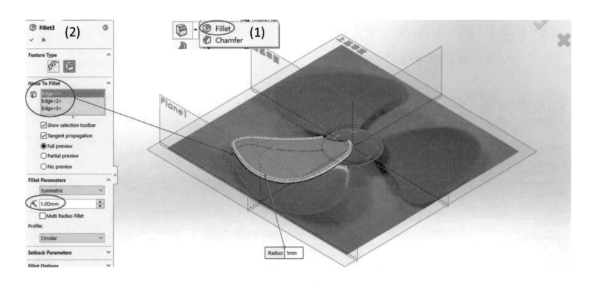

12.15 建立基準中心線（Create a center axis）

(1) 特徵 — 參考幾何 — 軸線（Features-Reference geometry-Axis）。

(2) 點選兩個基準面，產生基準中心線（Click the two "walls" and the axis appear）。

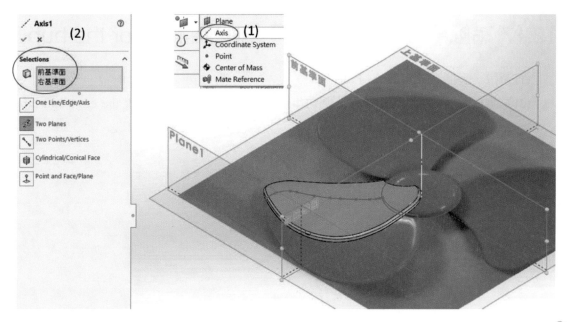

12.16 葉片環狀陣列（Circular pattern of the blades）

(1) 特徵 —陣列 —環狀陣列（Features-Pattern-Circular Pattern）。

(2) 如若還未選擇所需陣列的特徵，可以從特徵樹展開後再選取（You can also select the features from the feature tree）。

(3) 點選中心軸，勾選均勻分佈，輸入葉片數目 3，完成動作（Click the axis, check equal spacing with 3 pieces and complete）。

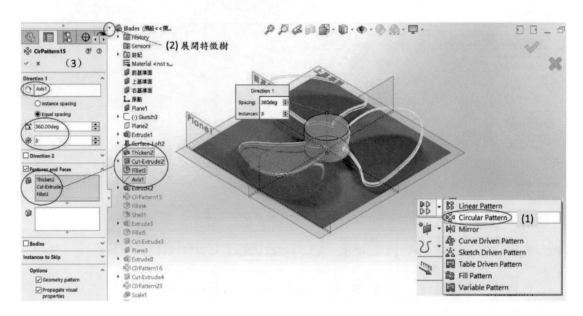

12.17 為風扇軸心圓柱倒圓角（Make fillet for the hub）

(1) 特徵 —倒圓角（Features-Fillet）。

(2) 點選需要倒圓角的邊線，輸入圓角半徑 5 mm，完成動作（Click the edge and input radius to complete）。

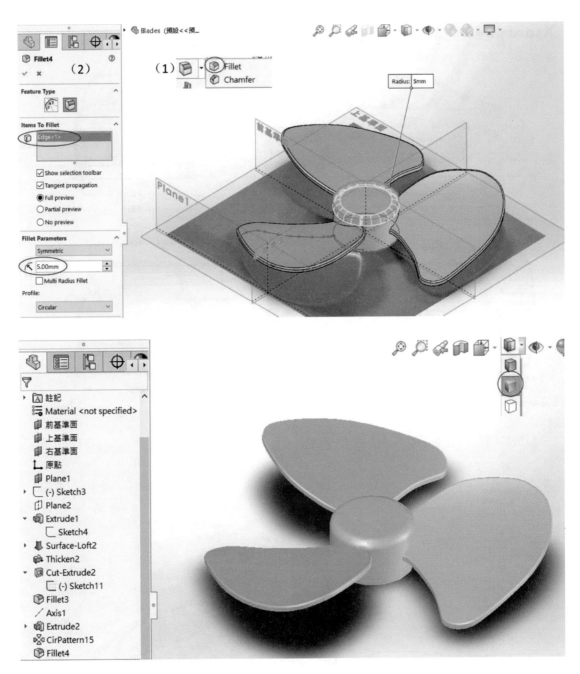

12.18 從汽車投影視圖建立 3D 立體模型 I（Create a 3D car model from 2D pictures I）

　　運用相同的手法可以從 2D 圖片產生相應的 3D 立體模型。首先將以下的投影圖切割並儲存為獨立的圖片檔。

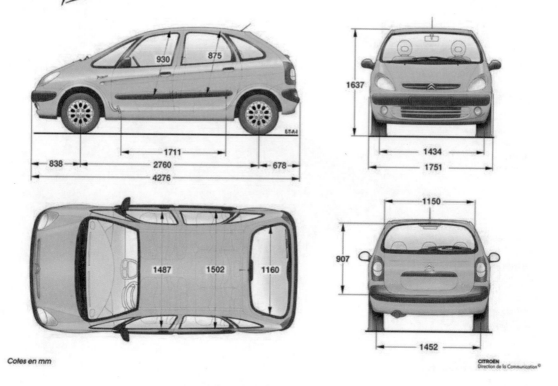

然後將圖片檔分別貼在相應的座標平面上。

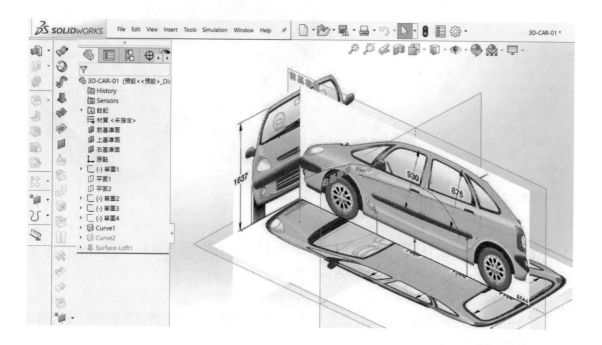

再運用以上類似的方法，將汽車各部分的立體模型的特徵曲線從 2D 照片還原，並根據這些曲線產生曲面或實體。下圖就是完成後的曲面模型，有興趣的讀者可以從本書所附的光碟片裡找到 SolidWorks 的檔案。

12.19 從汽車投影視圖建立 3D 立體模型 II（Create a 3D car model from 2D pictures II）

　　下圖就是完成後的又一款汽車的曲面＋實體模型，有興趣的讀者也可以從本書所附的光碟片裡找到 SolidWorks 的檔案。

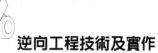

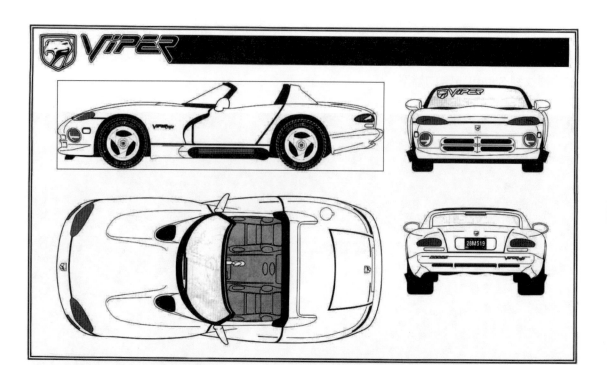

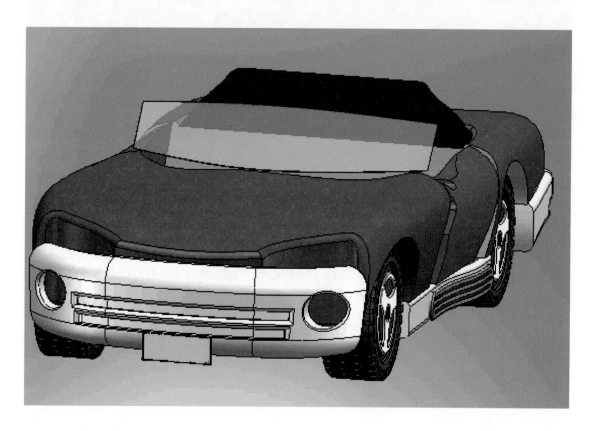

13

範例十一：應用於內部結構的逆向工程技術（Reverse Engineering for inner structiurs）

對於內部結構的逆向工程方法，有破壞性的和非破壞性的。破壞性的就是將實體切層，對每一層照相，然後將每層的照片以層距疊加形成 3D 立體模型。而目前非破壞性的掃描方法主要包括：

1. MRI 核磁共振。利用強大的磁場來引起原子核釋放電磁波，然後把不同的電磁波組合成影像。

2. CAT Scan 電腦斷層掃描。這個技術簡單地說就是立體的 X 光，如下圖。

3. PET 正電子發射斷層掃描。它是近幾年才發展出來的技術，能很精確地診斷癌細胞的進展（良性、惡性、擴散與否等等）或消退（化療、電療是否奏效等等）。

4. Microscopy 顯微成像。即微小尺寸的掃描影像。

掃描得到的檔案無論什麼格式，原則上都是切層的照片，如下圖左。僅從排列著的 2D 切層照片，醫師需要依靠想像去了解病人體內器官的 3D 實體。由於電腦技術的進步，現在已經可以方便地將切層的照片堆積起來，還原 3D 的虛擬模型，方便地放大、縮小、旋轉、再切層，供醫師非常直覺地觀察和研究，極大地提高了分析和診斷的能力。

此外，電腦軟體還可以輸出立體模型檔案，進行快速原型製作，甚至編輯及修改，在醫學和其他許多方面有著無窮的應用。

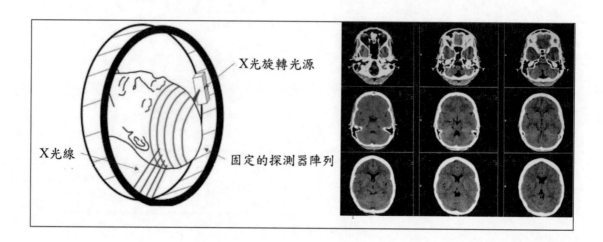

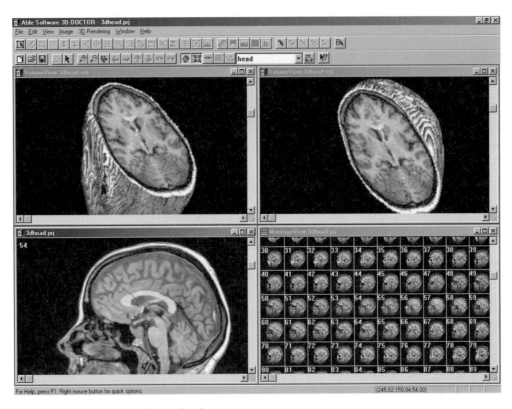

http://www.ablesw.com/3d-doctor/images.html

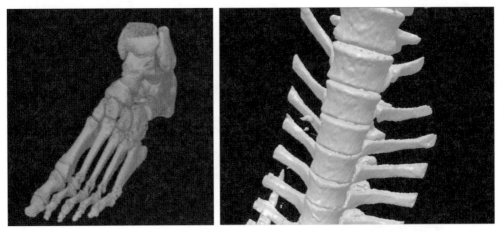

http://www.ablesw.com/3d-doctor/images.html

13.1 3D-Doctor® 基礎及輸入檔案格式（Basics of 3D-Doctor® and Import format）

本章從介紹 3D-DOCTOR® 軟體著手，敘述和實際操作應用於內部結構的逆向工程技術。

211

逆向工程技術及實作

下圖為位於美國麻州的軟體公司 Able Software Corp. 的首頁以供參考。

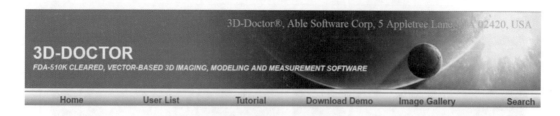

下圖是本書所附的 3D-DOCTOR 試用版，點擊捷徑即可開始安裝該軟體（A demo version software is included in the CD of this book. Click to start experience）。

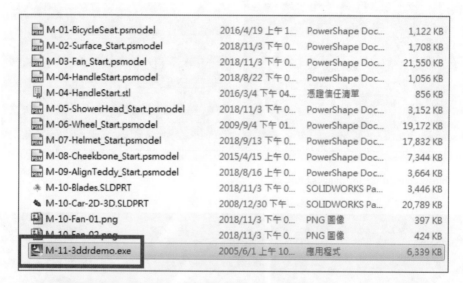

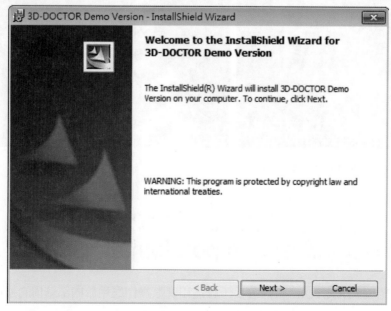

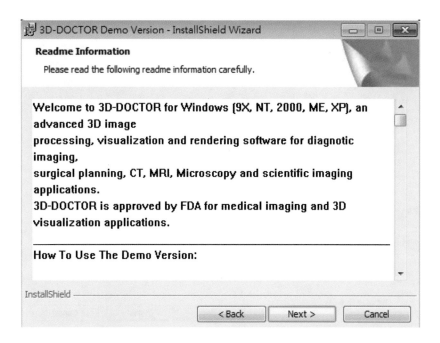

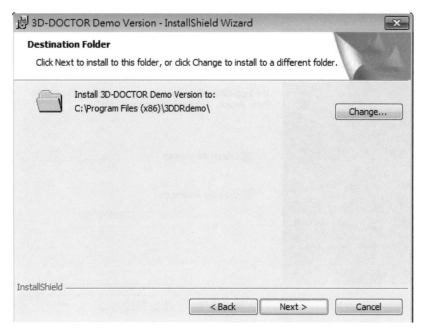

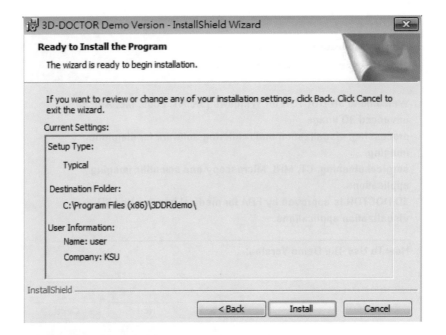

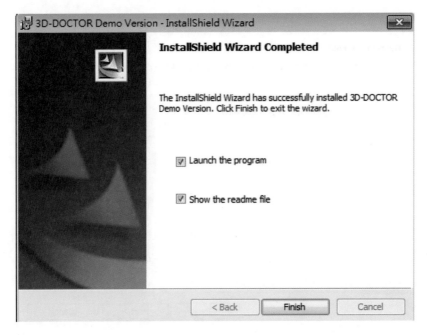

安裝完成後，在電腦桌面會產生一個3D-DOCTOR的按鈕，點擊按鈕就可以開始了（After instalation, a 3D-DOCTOR icon will apear on the window, just click the icon and you are all set for experiencing the useful software）。

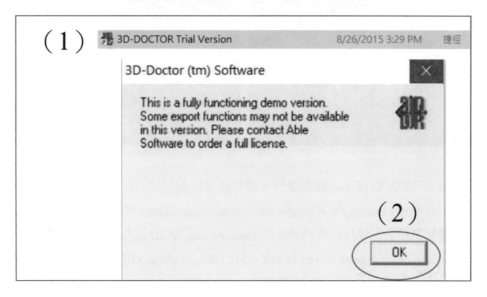

下圖中，右邊排列的是所有的切層圖片，而左邊則是放大了的某一張圖片（目前下左圖展示的是第 29 張）。若需變換左圖的內容，只要滑鼠雙點擊右邊任何一格即可（下頁左圖顯示的是第 8 張）（The left picture is the enlarged No.29 scanned image. By click any numbered image at right, the picture will be activated and showing on the left）。

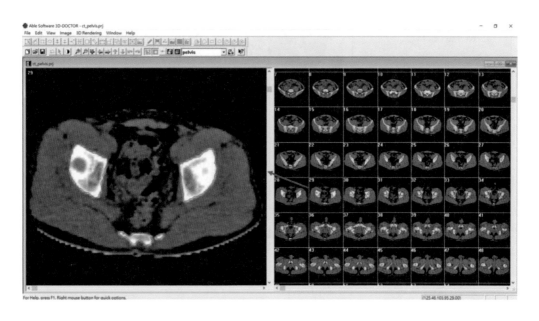

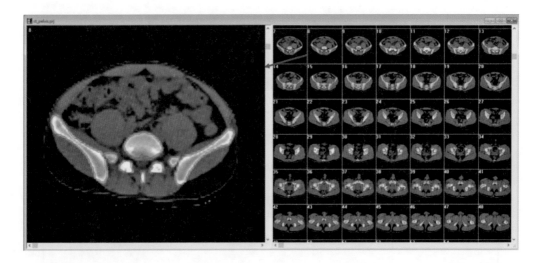

　　以上只是公司試用版提供的範例圖檔，讀者也可以嘗試輸入自己的掃描影像檔如下圖。其中 DICOM（Digital Imaging and Communications in Medicine）為標準醫用數位影像及傳輸的格式。其他檔案格式也可以是我們熟悉的 bmp,jpg,png 等 2D 圖檔。（3D-DOCTOR supports both grayscale and color images stored in DICOM, TIFF, Interfile, GIF, JPEG, PNG, BMP, PGM, RAW or other image file formats. 3D-DOCTOR creates 3D surface models and volume rendering from 2D cross-section images in real time on your PC）。

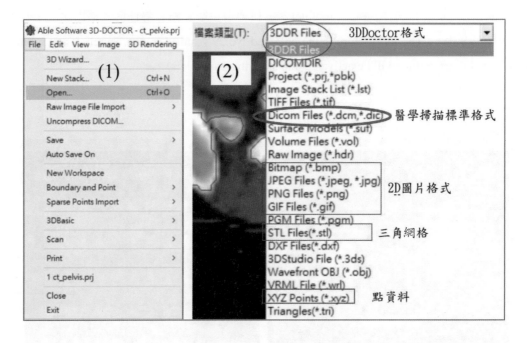

13.2 標定（Calibration）

在應用 3D-Doctor 中，首先要處理的是尺寸的標定（Calibration）。換句話說，你這張照片代表的是紐約自由女神像的大小，還是玩具芭比娃娃的尺寸呢？

在 X,Y 方向，需要定義每一個圖元代表多少實際的長度單位，因為尺寸方面來說，一張 2D 圖片提供的只有解析度（圖元），但是每一個圖元代表的面積是多少呢？而在 Z 方向，則要定義切層之間的距離（Slice thickness）。這些參數應該在安裝及校正掃描器時都要精確地確定。

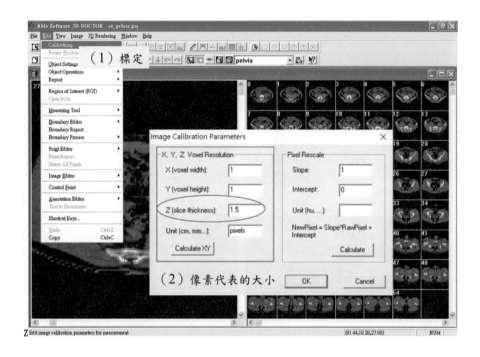

例如下圖，左邊是 Z（slice thickness）= 1.5，右邊是 Z = 2.5，失真程度不言而喻。

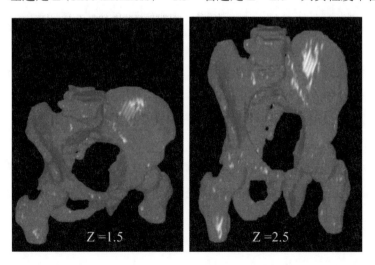

13.3 建立新圖層（Establish a new layer）

為了分析並顯示各部分器官或物件，首先要建立相應的物件圖層。讓我們來建立一個「Body」的物件圖層（Let us establish a new layer for the "Body"）。

(1) 建立物件圖層（Create a new object）。

(2) 開始時，此軟體只有開啟 2 個圖層（Originally it has two objects）。

(3) 輸入「Body」（Type in "Body"）。

(4) 點擊「Add」添加（Click "Add"）。

「Body」這個物件圖層就建立起來了，目前的顏色為藍色（The object "Body" is created, in blue color）。

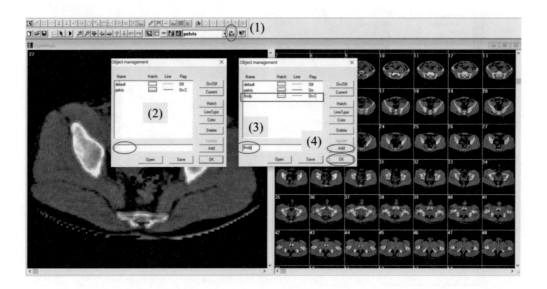

13.4 設定物件的灰階門檻進而對物件進行互動式區分（Adjust gray scale threshold for segmentation）

(1) 目前所作動的圖層是「body」，藍色的（At present the active object is in blue color）。

(2) 3D 渲染 — 互動式區分（3D-Rendering - Interactive Segmentation）。

(3) 注意到目前的灰階門檻值爲 152-255（圖中骨質的灰階值）（Notice that the current gray threshold is between 152-255）。

(4) 用滑鼠左鍵拖拽箭頭將灰階門檻值設爲 25-125（圖中皮肉／內臟的灰階值）（Use left key of the mouse to grag the threshold between 25 and 125 (represent the soft tissues such as the flesh and skin)）。

(5) 點選「對所有圖片進行灰階區隔」（Click "Segment all"）。

(6) 勾選「所有圖片」（Check "All image planes"）。

(7) 點擊 OK 完成動作（Click "OK" to complete the segmentation）。

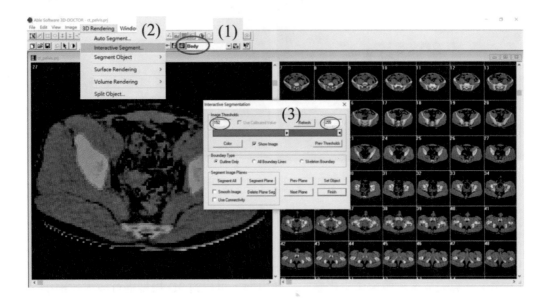

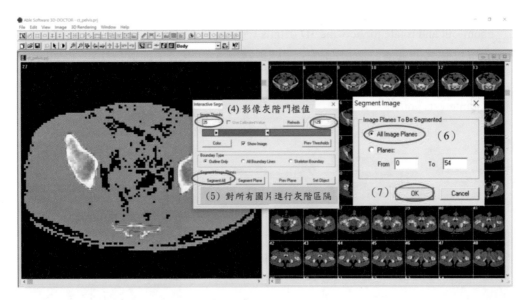

比較下面左右二圖，對於影像分析的灰階門檻設定就會一目了然（The two pictures blow demonstrate very well the function of gray scale threshold）。

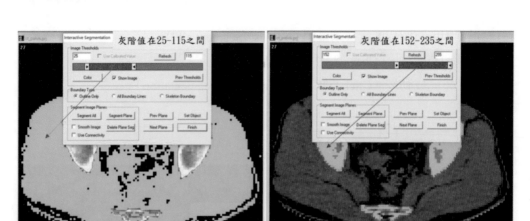

13.5 渲染／彩現（Rendering）

(1) 3D渲染－曲面渲染－複雜曲面（3DRendering - Surface Rendering - Complex Surface）。

(2) 渲染計算完成後軟體會產生相應的立體模型，可以對 3D 模型進行放大、縮小、旋轉的檢視（After rendering, a corresponding 3D model will be created and you can zoom-in, zoom-out and rotate to view the 3D details）。

(3) 也可以將各個圖層設置成開啓、關閉或透明，以更清楚地進行檢視（You can also turn-on, turn-off and make transparent for each object, in order to exam individual object that interests you）。

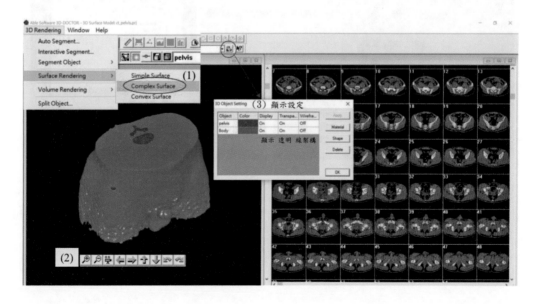

可以單獨地顯示骨架，也可以單獨地顯示皮肉、內臟（You can also view each object individually）。

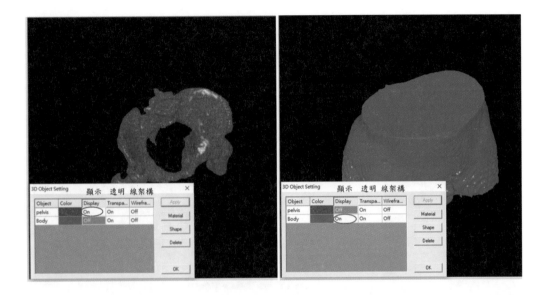

13.6 輸出模型（Export the 3D model）

(1) 檔案 — 輸出模型（File - Export Model）。

(2) 選擇輸出模型的格式，輸入檔案名稱，輸出模型（Select suitable format and input file name to export the 3D model）。

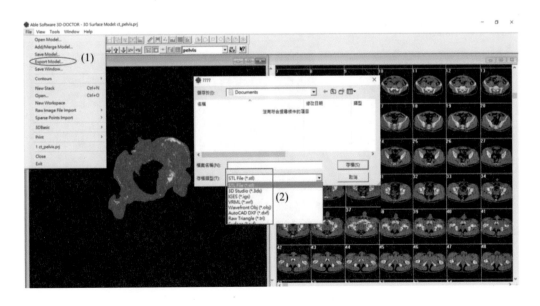

13.7 電腦自動設定物件的灰階門檻進而對物件進行區分（Auto-segmentation by computer）

(1) 3D 渲染 — 自動區分（3D Rendering – Auto Rendering）。

(2) 自動物件區分（Automatic Object Segmentation）。

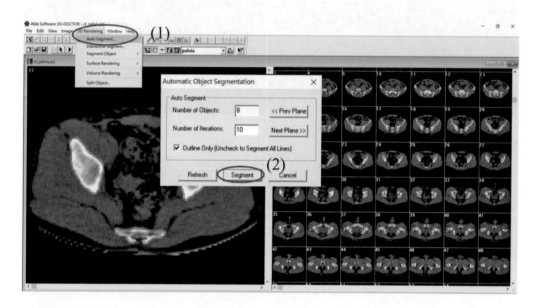

　　電腦根據照片灰階的不同，自動對模型進行區分成不同的圖層（Based on default gray thresholds, the computer automatically conducted segmentation of 8）。

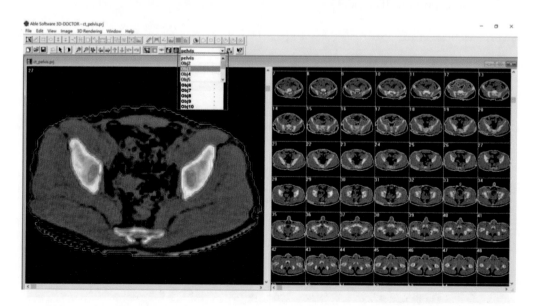

13.8 渲染／彩現（Rendering）

(1) 3D 渲染－曲面渲染－複雜曲面（3D Rendering – Surface Rendering – Complex Surfaces）。

(2) 渲染計算完成後軟體會產生相應的立體模型，可以對 3D 模型進行放大／縮小／旋轉的檢視（After rendering, a corresponding 3D model will be created and you can zoom-in, zoom-out and rotate to view the 3D details）。

(3) 也可以將各個圖層設置成開啟、關閉或透明，以更清楚地進行檢視（You can also turn-on, turn-off and make transparent for each object, in order to exam individual object that interests you）。

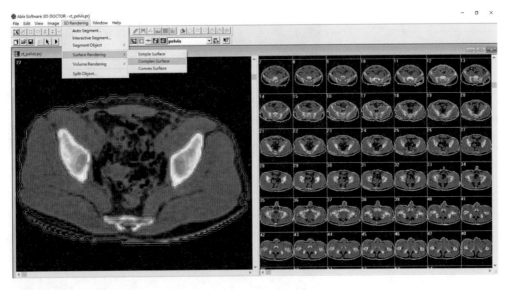

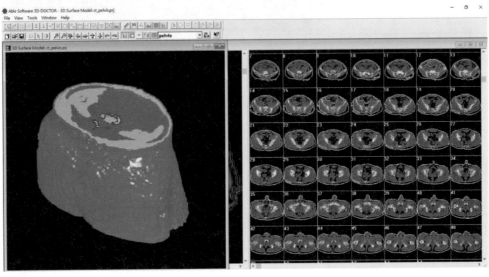

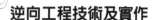

13.9 提高清晰度及高分辨度（Higher definition and more detailed segmentations）

若利用更清晰以及分辨度更高的掃描照片，則可以如下圖對物件進行更清晰的區分（With higher definition scanned images, the computer can make cleaner 3D solid models and with more detailed segmentations）。

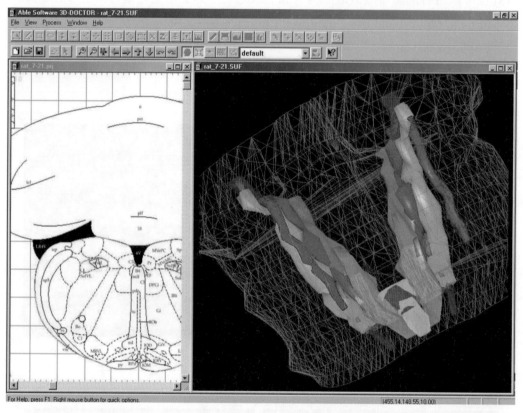

http://www.ablesw.com/3d-doctor/images.html

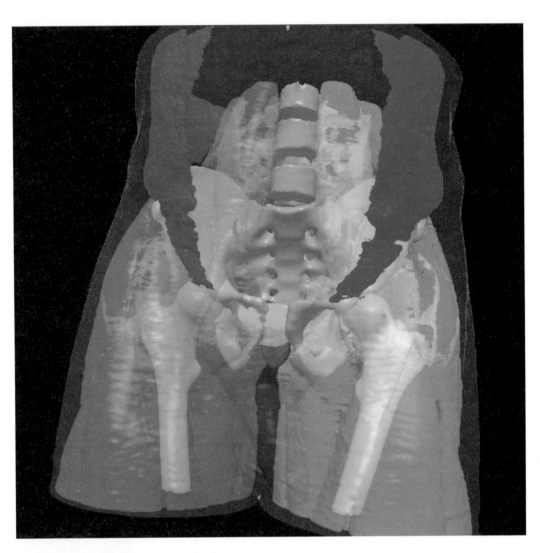

http://www.ablesw.com/3d-doctor/images.html

附錄1　曲面及實體基本概念
（Basics of surface and solid modeling）

1.1　曲面（Surface）

什麼是曲面？

曲面最好的定義就是在 2D 和 3D 的範圍中忽略其厚度的表面。

PowerSHAPE 的曲面包含以下三種形式：Primitives、NURBS、PowerSurfaces。它們在構造上的屬性和編輯形式有很大的區別。

1. 原始曲面

原始曲面是一個基於簡單類型，如：標準外形和線架構拉伸曲面或者旋轉曲面。原始曲面的定義或編輯需要透過輸入參數設置成一個特有的形式（實際的輸入取決於原始曲面的類型）原始曲面主要的約束在於僅僅能編輯其長度、半徑、方向和可用的線架構，原始曲面有特定的工作平面數據，使用者可以對這些數據進行修改。

- PowerSHAPE **標準參數曲面包含：**

(1) Primitive —— 平面、長方體、圓柱、圓錐、球、環形、旋轉曲面

(2) 拉伸曲面 ——（透過線架構進行定義）

(3) 旋轉曲面 ——（透過線架構進行定義）

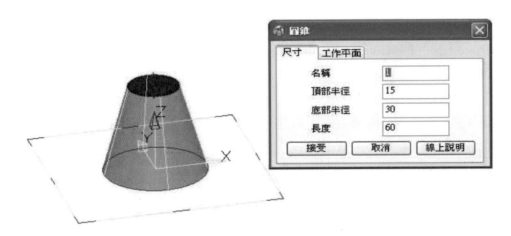

雙點擊圓錐彈出編輯對話框。

注意：圓錐頂部及底部是空心的、非封閉的。

2. NURBS 曲面（Non-Uniform Rational B-Spline）

這是一種常用的曲面格式，被用於不同的 CAD 系統，PowerSHAPE 也接受這種格式的檔案，PowerSHAPE 也可以建立 NURBS 曲面。

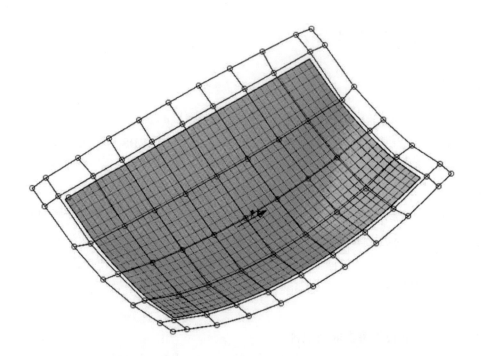

NURBS 曲面上的控制點都可以進行空間移動，但是我們不能控制其移動精確度，這樣對曲面的任何修正都必須依賴於操作者的視覺感受。

3. 將原始曲面和 NURBS 曲面轉化成 PowerSurface

如果要對原始曲面或者 Nurbs 曲面進行更複雜的形狀修改，首先要將其轉化成 PowerSurface，採用 PowerSurface 的用戶可進行動態操作及修正。

注意：PowerSurface 不可轉化成原始曲面或者 NURBS 曲面。

在下拉工具列中：工具 － 選項 － 圖素 － 曲面

確保「初始化依 Nurbs 建立」不勾選，則直接轉化原始曲面為 Power 曲面，反之為 Nurbs 曲面。

注意：有幾個關於建立 PowerSurface 曲面的選項。

• Power surfaces

一個 PowerSurface 是基於 4 邊線架構組成的網絡，是由經緯線構成的面。

一個 PowerSurface 能構建一個複雜的形體並且可對形體進行完整編輯。包括方向、大小、可通過表面曲線的交點進行修改。

　　PowerSurface 中的曲線叫做緯線（順著曲面）和經線（和經線交叉橫跨曲面），在某些情況下（可選擇）的曲線叫龍骨線。龍骨線通常沿緯線方向，可以在自由空間控制其定位方向。

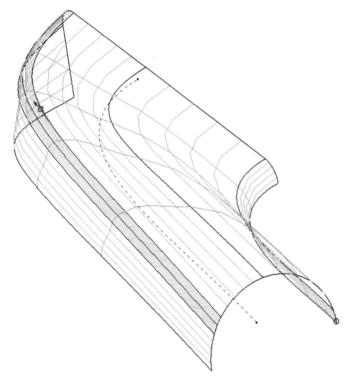

經線

這個曲面最少要包含兩條經線。

緯線

這個曲面有 7 條緯線，由第一條到第二條的經線相對應的點產生。

龍骨線

龍骨線（虛線所示）是用來控制經線定位方向。龍骨線不是必須的，可以建立或刪除。龍骨線在產生倒圓角曲面或是作為導向—曲線曲面的控制幾何形體自動會出現。

小圓圈

箭頭處的小圓圈是 PowerSurface 經緯線的起點。起點定位在沿經線 1 的第 1 點有一段小距離的地方，圓圈上的小短線表示緯線的方向。

　　PowerSHAPE 支援各種不同類型的曲面，這些曲面在編輯的過程中可以轉換為編輯曲面更加靈活。PowerSurface 有四種主要類型，它們分別是透過線架構產生的曲面、倒圓角曲面、分模面和拔模面等。

1.2　實體（Solids）

　　實體是描述一個實體的體積厚度最好的表現方式，不像表面建模，在表面建模中沒有選項可以直接用來創建物件的厚度（如：原始平面或是分模曲面）。這兩個選項及方法相對地在曲面工作上就有非常明顯的差異。而實體主要的工作優點是它既有的樹狀列功能,在樹狀列中能夠簡單地去修改實體的各個動作,而實體也會立即的將修改過的動作完全地自動呈現出來。

這意味著任何設計上的修改都能快速地實現在模型上。多年來,實體模型一直是 PowerSHAPE 的基本特徵,但 PowerSHAPE2010 卻是第一個完全支援 Parasolid 的版本,而非先前所用的 V8 實體。

V8 實體是 Delcam 一種獨特的實體類型而 Parasolid 則是其他專門實體模型組件的標準類型。使用 Parasolids 的一個重要的原因是,在作動執行上一般來說 Parasolids 比較準確、穩定也更加可靠。

在 PowerSHAPE2010 版本中 Parasolid 為系統內定值,而且對使用者來說選項及使用的圖示都跟 V8 實體的介面類似。

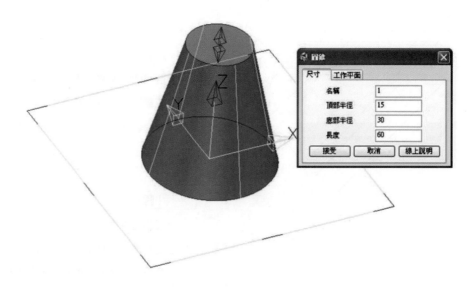

注意:實體圓錐的頂部及底部都是封閉的。

• 摘要

從上述的解說中可以很明顯的得知,對於創建一個 CAD 模型來說實體模型是最好的方法。

然而有一些應用程式還是無法或難以用來創建實體,包括:分模曲面、拔模曲面以及實體修復,可以提取及修改填補曲面再放回實體。

1.3　曲面與實體(Surface & Solid)

下面簡單的組件將使用曲面及實體模型來創建以表現出其差異性。這個例子更清楚地表現出使用實體模型的優點。

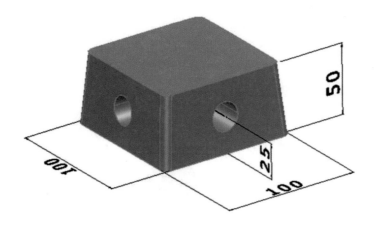

孔的直徑為 20，倒圓 R 角為 5，拔模角度為 5 度。

1.3.1　曲面建模方法

(1) 從下拉式選單中選擇檔案－儲存：

　　XXX:\PowerSHAPE_Data\GettingStarted

(2) 從主要工具列中選擇工作座標，使工作座標工具列選項顯示在圖素區域左邊。

(3) 在原點 0 建立一個工作座標 。

　　註：該工作座標將會自動作動以作為創建圖素的基準座標。

(4) 從主要工具列中選擇曲面，使曲面工具列選項顯示在圖素區域左邊。

(5) 從曲面工具列選項選擇長方塊。

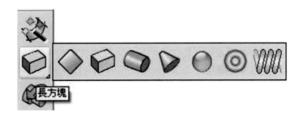

(6) 在工作座標上點擊滑鼠左鍵來定位長方塊。

(7) 在長方塊上點擊滑鼠右鍵,開啓功能表選單並選擇編輯。

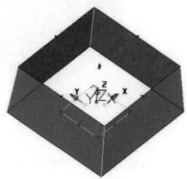

(8) 依照上圖所示填入數值後,點擊接受。

1. 倒圓面

曲面倒圓面只能沿著在兩個或兩個以上的獨立面間的交線建立倒圓面。

長方塊的曲面必須先做出 4 個獨立的曲面才能進行倒圓角,在將長方塊分離前,必須先將它轉換成 Power Surface。

(1) 在曲面上點擊滑鼠右鍵可以開啓功能表選單,最上方為所選擇物件的資訊。

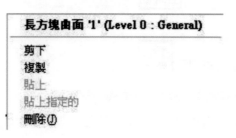

(2) 在功能表選單中選擇轉換成編輯曲面。

(3) 在曲面上按右鍵點擊功能表選單,可以發現最上方的物件資訊已更改。

(4) 在曲面上點擊滑鼠左鍵選取它（框線顯示為黃色）並開啟曲面編輯工具列。

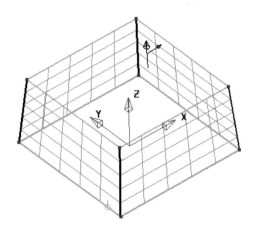

(5) 按住滑鼠 shift 鍵，並使用滑鼠左鍵選取 4 條從底部到頂部的交線。

(6) 點擊分割曲面來建立四個獨立的 Power Surface。

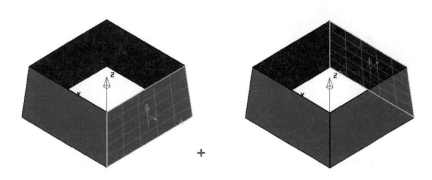

(7) 選取所有曲面，並在曲面工具列中選擇導圓面 。

(8) 導圓面半徑設定為 5。

方向設定向外（從曲面的內部（紅色）建立
導圓面）。

設定導全周 R。

點擊接受。

(9) 如左圖所示，導圓面建立在素材的四個邊界。

以下放大檢視圖可以說明在相鄰的拔模曲面之間建立導圓面的問題。

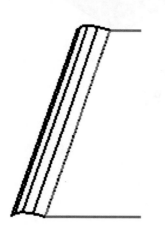

導圓面的剖面總是垂直於兩個相鄰面間的導引
線（龍骨線）。

導圓面並不會與曲面保持水平（因為有拔模
角），如左圖示，頂部較為突出而底部是凹陷。

(10) 根據如上所述，拉伸導圓面底部到超過素材
基準水平為止。

2. 剪裁導圓面

(1) 從畫面左下角選擇建立／移除臨時座標 並輸入座標為 0 0 50。

(2) 選取四邊的曲面並點擊 Crtl+J 將它們隱藏。

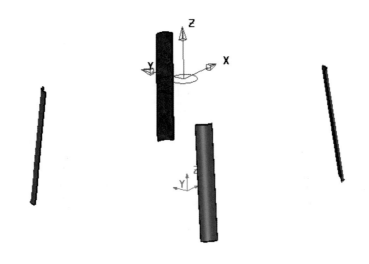

(3) 選擇顯示一般編輯選項中的剪裁選項 。

(4) 先選擇已經作動的臨時座標為剪裁圖素，接著拖拽滑鼠選取四個導圓面，以臨時座標的高度為主來對導圓面作剪裁。

(5) 底部的導圓面則以一開始所作建立的座標為主來進行剪裁的動作。

　　註：此時工作方向是由工作座標中使用 XY 平面 。

(6) 點擊 Crtl+L 來顯示已隱藏的物件。

3. 建立智慧曲面

(1) 從畫面左下角選擇建立 / 移除臨時座標 來移除剛剛所建立用來剪裁導圓面的臨時座標。

(2) 按住 Alt 鍵並使用滑鼠左鍵點擊物件頂部邊界的任意處，即會自動沿著頂部邊界建立一複合曲線。

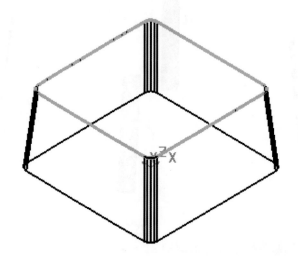

(3) 選擇複合曲線、點擊曲面 工具列中的智慧曲面 。

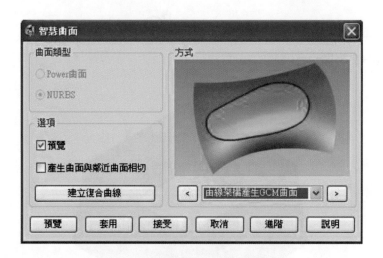

(4) 點擊套用來建立 GCM 曲面在所選擇的複合曲線裡。

(5) 選取複合曲線並將之刪除。

4. 建立孔

(1) 從圖素區域左下角中選擇由工作座標中使用 ZX 平面 。

(2) 作動一開始建立的物件基準座標。

(3) 選擇曲面  工具列中的建立圓柱 。

(4) 輸入圓柱中心座標為 0 -60 25。

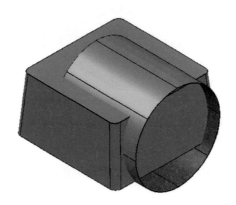

(5) 在圓柱上按滑鼠右鍵開啟功能表選單並選擇編輯。

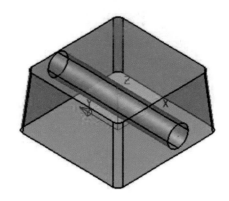

(6) 輸入圓柱半徑為 10、長度為 120，點擊接受。

(7) 從圖素區域左下角中選擇由工作座標中使用 XY 平面 。

(8) 選取剛剛建立的圓柱並選擇顯示一般編輯選項 工具列中的旋轉圖素 。

(9) 選擇保留原始圖案選項，複製數量輸入為 1、角度為 90。

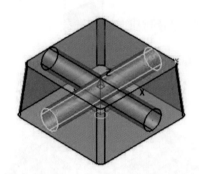

(10) 這兩個圓柱現在必須對彼此及素材外部做修剪之後，才是我們需要的孔。

5. 修剪孔

(1) 選擇這兩個圓柱並按 Crtl+K 來執行隱藏未選取的。

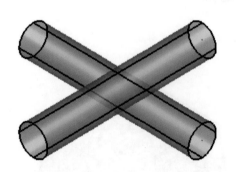

這兩個圓柱必須對彼此做修剪的動作。

(2) 為了確保能夠完全成功，首先將一般公差增加至 0.02。

（位於畫面的右下方）

(3) 選取其中一個圓柱並選擇顯示一般編輯選項 中的剪裁選項 。

註：綠色打勾的地方表示所選擇的圓柱被用來當作剪裁圖素。

(4) 選擇另一個圓柱來產生出幾個剪裁可能性的其中之一。

（以下是其中兩個可能）

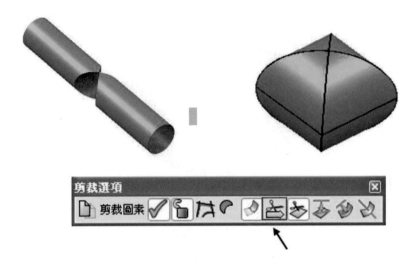

(5) 為了獲得正確的修剪，選擇保留圖素的下一解法，直到正確的解法顯示出來為止。（如下圖所示）

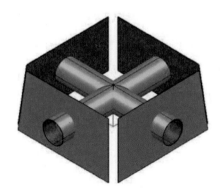

　　　註：在剪裁的過程中系統會自動地將圓柱轉換成編輯曲面。

(6) 關閉剪裁選項。

(7) 按滑鼠右鍵選擇不隱藏後，選取 4 個角落的導圓面及頂部的曲面按 Crtl+J 隱藏所選。

(8) 使用剪裁圖素去修剪圓柱及 4 個側邊的曲面。（註：先選取側邊曲面為剪裁圖素，然後點擊圓柱位於側牆的外部進行剪裁）

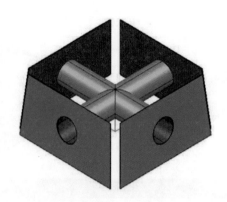

(9) 剪裁完後按 Crtl+L 顯示所有隱藏物件。

　　註：相對於其它物件顯示為藍色（外側）而圓柱顯示為紅色（內側），這正好可以用來做曲面的反
　　　　向練習。

(10) 選擇兩個圓柱的內側（顯示為紅色），並點擊右鍵打開功能表選單。

(11) 選擇反向來變換這兩個圓柱的內外側。

(12) 選擇檔案－儲存。

先不要關閉模型，因為接下來要用實體模式來建立同樣的模型。

曲面模型至此已經完成，但當將來設計變更時要修改它會是一個艱辛的過程。如果需要變動這些特徵如：導圓面半徑、孔直徑或是一般尺寸，曲面模型並不會隨著特徵變動而自動更新模型，所有受影響的曲面都需要再重新且正確地去做修剪及刪除的動作，以符合所更新後的設計。

二、實體建模方法

　　創建跟上述例子一樣的組件，只不過這次用的是實體建模方法，目的在距離曲面模型 x150 的方向建立實體模型。

(1) 點擊在主工具列中的工作座標 ，輸入座標為 150 0 0 。

註：新的工作座標將自動成為建造圖素的基準。

(2) 選擇主要工具列中的實體，並點擊實體中的長方體 。

(3) 基準點選擇工作座標，在長方體上按滑鼠右鍵開啓功能表選單選擇編輯。

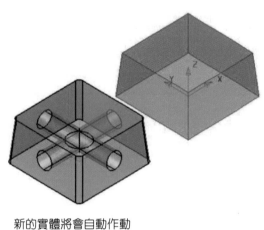

新的實體將會自動作動

(1) 輸入如圖所示的資料後點擊接受。

(2) 在實體上雙擊滑鼠左鍵開啓圖素區域左側的樹狀列視窗。

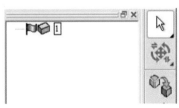

顯示實體素材是目前唯一登記在樹狀列中的物件。

1. 實體導圓角 R

實體導 R 是建立在作動實體上沿著面之間的非相切邊界。

特徵

(1) 選擇主要工具列中的特徵功能。

(2) 選擇特徵選項工具列中的實體導 R 。

(3) 輸入半徑為 5，並按住 shift 鍵選取作動實體中的 4 個邊界。

(4) 點擊套用。

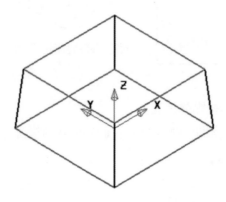

註：與曲面建模範例不同的是，實體導 R 所建立的導圓面與原來的頂部及底部同高，不會像曲面建模那樣超過或是不足。

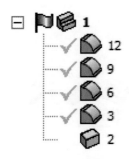

(5) 點擊登記在樹狀列中物件前的 ⊞，可以打開該物件所有包含的特徵動作及所使用的實體。

(6) 最後進行的操作動作會保持在樹狀列中的頂部。

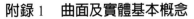

2. 建立孔

(1) 在圖素區域的下方選擇由工作座標中使用 ZX 平面 。

(2) 選擇實體中的產生圓柱 。

(3) 在圖素區域右下方指令輸入框中輸入座標 0 -60 25 來定義圓柱。

(4) 在圓柱上雙擊滑鼠左鍵開啓圓柱編輯對話框。

(5) 輸入半徑爲 10、長度爲 120，點擊接受。

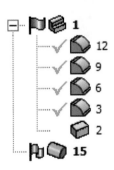

新產生的實體圓柱將會作爲一個獨立的項目被登記在樹狀列中。

樹狀列中圓柱顯示爲灰色是表示它並非目前作動中的實體。

註：點擊樹狀列中的旗幟圖示可以用來控制實體（作動或是不作動）。

3. 佈林運算

添加、移除或是插入選擇實體到作動的實體中，都是使用布林運算。

(1) 在原始作動實體（邊界顯示爲紅色，樹狀列中顯示爲紅色旗幟）上使用滑鼠左鍵選取圓柱。

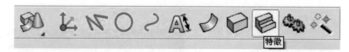

(2) 在主要工具列中選擇特徵功能。

(3) 選擇特徵工具列中的從作動實體移除所選實體、曲面或零件 。

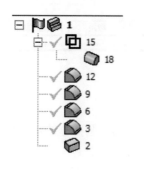

圓柱現在已經成為作動實體的一部分並登記在樹狀列中的頂部。

4. 實體編輯

在樹狀列中使用其他選項可以複製或是旋轉剛才的從作動實體移除所選實體、曲面或零

件 ，來建立新的孔。

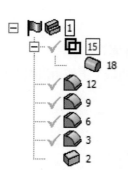

(1) 從圖素區域左下角中選擇由工作座標中使用 XY 平面 。

(2) 左鍵點擊樹狀列中關於圓柱的布林運算移除動作。

一個方形框架將會顯示在物件編號名稱周圍。

(3) 選擇顯示一般編輯選項 中的編輯已選的替代項目 。

(4) 選擇旋轉圖素 並選擇保留原始圖案選項，複製數量輸入為 1、角度為 90。

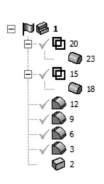

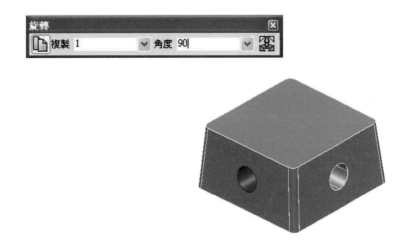

第二個由實體建模所建立的組件至此已經完成。

整個實體建模的過程比曲面建模更加簡單，設計上的變更也可以立即地從實體樹狀列中實現。

附錄2　逆向工程曲面鋪設技巧範例影片之簡介
（Brief Introduction for surfacing tip videos）

本書資料夾（PowerSHAPE-Tips_Videos）中附錄了不少介紹曲面鋪成技巧的影片（This book attached several videos（PowerSHAPE-Tips_Videos）for the tips of surfacing and pattern recognition. The video files are in the attached CD disc and the processes are quite self-explained）。

index.files	2/10/2017 4:42 AM	檔案資料夾		
index	6/6/2014 11:56 AM	HTML 檔案	6 KB	
Custom Scripts	5/20/2016 9:11 AM	WMV 檔案	1,584 KB	00:00:47
FeatureRec-01	5/17/2016 4:36 PM	WMV 檔案	12,170 KB	00:00:43
PS-01-Point Probing-ok	5/23/2016 12:24 PM	WMV 檔案	24,077 KB	00:02:19
PS-02-Premitive Orientation-ok	5/17/2016 4:56 PM	WMV 檔案	7,853 KB	00:02:08
PS-03-Shrink Wrap-ok	5/17/2016 4:56 PM	WMV 檔案	7,813 KB	00:02:13
PS-04-Copy Feature	5/17/2016 4:55 PM	WMV 檔案	2,105 KB	00:00:53

雖然影片詳盡地敘述了許多技巧和範例，侷限於篇幅和時間，這裡只簡略介紹幾個例子（Although there are pretty much nice processes, let us just briefly introduce some of the simple but useful examples）。

1. 開啓精靈：檢測精靈（Wizard-Primitive from points）

2. 特徵辨識：圓柱面（Pattern recognition-Cylindrical surface）

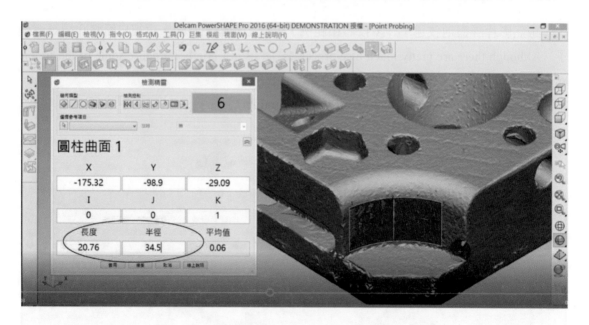

3. 特徵辨識：圓柱體（Pattern recognition-Cylinder）

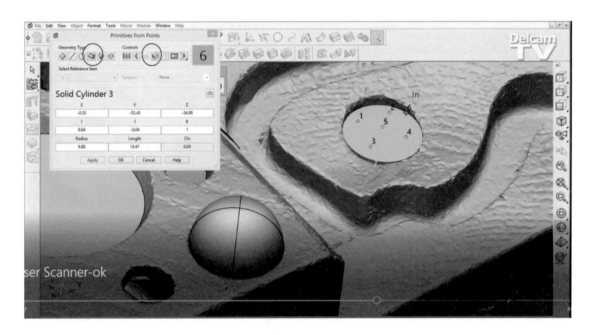

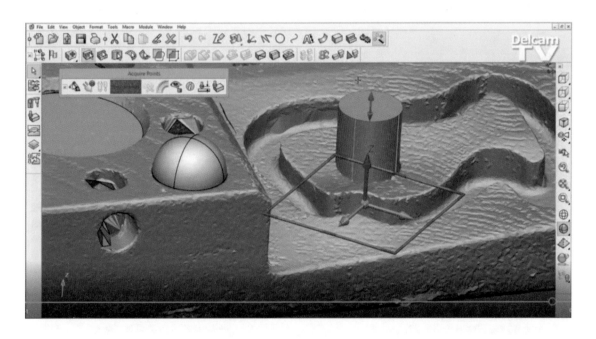

4. 特徵辨識：球面（Pattern recognition-Spherical surface）

5. 特徵辨識：球體（Pattern recognition-Spherical surface）

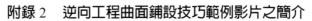

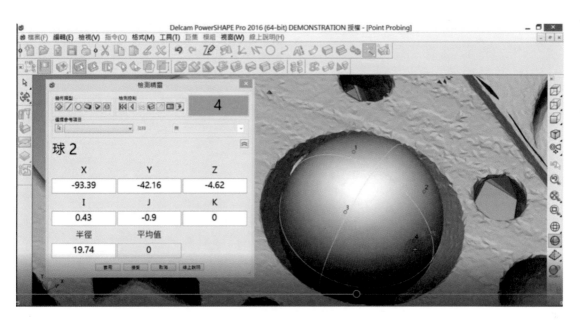

國家圖書館出版品預行編目資料

逆向工程技術及實作／王松浩，莊昌霖，
　熊效儀著. -- 初版. -- 臺北市：五南，
2019.07
　面；　公分
　ISBN 978-957-763-345-3（平裝）

1.逆向工程　2.電腦輔助設計

446.89　　　　　　　　　108003719

5F67

逆向工程技術及實作

作　　　者 — 王松浩（6.5）、莊昌霖、熊效儀

發 行 人 — 楊榮川

總 經 理 — 楊士清

總 編 輯 — 楊秀麗

主　　　編 — 王正華

責任編輯 — 金明芬

封面設計 — 王麗娟

出 版 者 — 五南圖書出版股份有限公司

地　　　址：106台北市大安區和平東路二段339號4樓

電　　　話：(02)2705-5066　　傳　　　真：(02)2706-6100

網　　　址：http://www.wunan.com.tw

電子郵件：wunan@wunan.com.tw

劃撥帳號：01068953

戶　　　名：五南圖書出版股份有限公司

法律顧問　林勝安律師事務所　林勝安律師

出版日期　2019年7月初版一刷

定　　　價　新臺幣400元

※版權所有・欲利用本書內容，必須徵求本公司同意※

五南
WU-NAN

全新官方臉書

五南讀書趣

WUNAN
Books

since1966

Facebook 按讚

1 秒變文青

★ 專業實用有趣
★ 搶先書籍開箱
★ 獨家優惠好康

不定期舉辦抽獎
贈書活動喔！！！

五南讀書趣 Wunan Books